Al Prof. Dr. Marcos M. Fernando Pablo, excelso jurista y maestro, que encarna con pasión y vocación los ideales del mejor servicio público.

Gracias por ser una referencia incontestable e indiscutible para tus discípulos y por transmitirnos el valor de la dignidad de la persona y la justicia social, también en nuestros preciados territorios rurales.

COLECCIÓN
DERECHO RURAL

COLECCIÓN
DERECHO RURAL

1

MARCO NORMATIVO PARA LA DINAMIZACIÓN DEMOGRÁFICA Y TERRITORIAL: TRANSFORMACIONES JURÍDICAS PARA IMPULSAR EL COMERCIO DE PROXIMIDAD

La presente obra, forma parte de los resultados del Proyecto de I+D+i titulado «Agricultura climática: marco regulatorio para la transición» (TED2021-129553B-I00), liderado por el Prof. Dr. Marcos M. Fernando Pablo

GOBIERNO DE ESPAÑA MINISTERIO DE CIENCIA E INNOVACIÓN

AGENCIA ESTATAL DE INVESTIGACIÓN

Plan de Recuperación, Transformación y Resiliencia

Financiado por la Unión Europea NextGenerationEU

1

MARCO NORMATIVO PARA LA DINAMIZACIÓN DEMOGRÁFICA Y TERRITORIAL: TRANSFORMACIONES JURÍDICAS PARA IMPULSAR EL COMERCIO DE PROXIMIDAD

Autores:
José Luis Domínguez Álvarez
Pilar Talavera Cordero

Prólogo:
Marcos M. Fernando Pablo

COLEX 2024

© Editorial Colex, S.L.
Calle Costa Rica, número 5, 3.º B (local comercial)
A Coruña, C.P. 15004
info@colex.es
www.colex.es

I.S.B.N.: 978-84-1194-266-9
Depósito legal: C 64-2024

SUMARIO

IV

IMPACTOS Y EXTERNALIDADES POSITIVAS DERIVADAS DEL FOMENTO DEL COMERCIO DE PROXIMIDAD

V

EL COMERCIO DE PROXIMIDAD EN LA HOJA DE RUTA EUROPEA

VI

EXAMEN DE LAS REFERENCIAS AL COMERCIO DE PROXIMIDAD CONTENIDAS EN LA LEGISLACIÓN NACIONAL

PÁG. 95

VII

ANÁLISIS EN PERSPECTIVA COMPARADA DE LA LEGISLACIÓN AUTONÓMICA DE COMERCIO DE PROXIMIDAD

PÁG. 113

ABREVIATURAS

AESAN	Agencia Española de Seguridad Alimentaria y Nutrición
AESA	Autoridad Europea de Seguridad Alimentaria
CCAA	Comunidades Autónomas
CCC	Canales cortos de comercialización
CE	Comisión Europea
CSM	Carne separada mecánicamente
CyL	Castilla y León
DUN	Declaración Única Agraria
ECOFIN	Consejo de Ministros de Finanzas de la Unión Europea
ERESEE	Estrategia a largo plazo para la rehabilitación energética en el sector de la edificación en España
FEADER	Fondo Europeo Agrícola de Desarrollo Rural
FEAGA	Fondo Europeo Agrícola de Garantía
GEI	Gases de Efecto Invernadero
LSPSACyL	Ley 10/2010, de 27 de septiembre, de salud pública y seguridad alimentaria de Castilla y León
LRBRL	Ley 7/1985, de 2 de abril, Reguladora de las Bases del Régimen Local
MRR	Mecanismo de Recuperación y Resiliencia
NGEU	Next Generation EU
OCU	Organización de Consumidores y Usuarios
PAC	Política Agraria Común
PDR	Programas autonómicos de Desarrollo Rural
PEPAC	Plan Estratégico de la PAC de España
PIB	Producto Interior Bruto
PMRD	Plan de Medidas frente al Reto Demográfico «Pueblos con futuro»

PNRTR	Plan de Recuperación, Transformación y Resiliencia «España puede»
PNIEC	Plan Nacional Integrado de Energía y Clima
RCO	Reglamento de Control Oficial de la Cadena Agroalimentaria
REGA	Registro de Explotaciones Ganaderas
REGEPA	Registro de Explotaciones Agrícolas
RGSEAA	Registro General Sanitario de Empresas Alimentarias y Alimentos
RISDEX	Red de Información de Suministro Directo de pequeñas cantidades de productos primarios en Extremadura
RPEPAC	Reglamento (UE) 2021/2115 del Parlamento Europeo y del Consejo, de 2 de diciembre de 2021, por el que se establecen normas en relación con la ayuda a los planes estratégicos que deben elaborar los Estados miembros en el marco de la política agrícola común (planes estratégicos de la PAC), financiada con cargo al Fondo Europeo Agrícola de Garantía (FEAGA) y al Fondo Europeo Agrícola de Desarrollo Rural (FEADER), y por el que se derogan los Reglamentos (UE) n.º 1305/2013 y (UE) n.º 1307/2013
RVD-CLM	Registro de Explotación con Venta Directa de productos ligados a la actividad agraria
SATs	Sociedades Agrarias de Transformación
SECTI	Sistema Español de Ciencia, Tecnología e Innovación
SEVEDI	Sección de Explotaciones acogidas de régimen de venta directa
SIVDA	Sistema de Información de Venta Directa de Productos Primarios en Andalucía
UE	Unión Europea
VAB	Valor Añadido Bruto
VDEX	Venta Directa de explotaciones agrarias de Extremadura

PRÓLOGO

Los jóvenes investigadores que firman esta obra que prologo, llevan ya tiempo trabajando en un campo que, hasta pasada la primera década del siglo XXI, no era muy habitual entre los administrativistas. Los cambios terminológicos al uso han dado en denominar ahora esta temática como «dinamización rural», pero hace no mucho se hablaba de *reto demográfico* o despoblación.

En cualquiera de sus variante, los autores, que no son sociólogos, ni geógrafos ni economistas, vienen prestando atención a cómo el derecho positivo, la maraña de normas que afectan a cualquier actividad, aplicada a territorios de profundo carácter rural (por su alejamiento de núcleos urbanos, por su escasa actividad económica no agrícola, por su carencia de servicios, por su falta, en fin, de dinámica poblacional) termina resultando un agente, no menor, que empuja en el mismo sentido: Deterioro de las condiciones de ejercicio de derechos, pérdida de calidad de vida de las personas, y, con ello, *asilvestramiento* y pérdida de entidad del territorio.

Puesto que de administrativistas se trata, no es difícil entender que su atención se dirija al conjunto de normas de nueva generación que otorgan potestades a la administración en este campo, o a las normas que, con una carga burocrática excesiva, limitan hasta la asfixia cualquier débil iniciativa de progreso pegada al territorio. ¿Se ha planteado, alguna vez, algún legislador, la difícil gestión de la Ley de Contratos del Sector Publico por un municipio de, digamos, doscientos habitantes, que apenas cuenta con un puesto de secretario-interventor a tiempo parcial?, o ¿qué hacer cuando en ese mismo municipio no es posible dotar esa única plaza funcionarial? Por decirlo en términos ya más coloquiales, ¿sabe el legislador que el papel del alcalde presidente de cualquiera de esos Ayuntamientos es, en realidad, la de ser el funcionario —operario de servicios varios— para todo?

En esta ocasión, la atención de José Luis Domínguez Álvarez —que tiene acreditada ya una larga preocupación por el tema, desde su impagable *Comunidades discriminadas y territorios rurales abandonados. Políticas públicas y derecho administrativo frente a la despoblación*, Aranzadi, 2021— y la de Pilar Talavera Cordero —cuya especialización en derecho de la cadena alimentaria acaba de comenzar, pero que cuenta ya con alguna contribución, por ejemplo la titulada «*De la plaza a la web: la regulación de los canales cortos de comercialización y el comercio electrónico en Castilla y León*»— se dirige a un fenómeno al que el derecho europeo y el derecho autonómico han prestado alguna atención. Desgraciadamente, no en el caso de Castilla y León, que ha apostado por otras líneas políticas.

En efecto, la legislación general alimentaria de Castilla y León se contiene, en lo que ahora interesa, en la Ley Agraria (Ley 1/2014, de 19 de marzo) que, apuesta, ante todo, por una política de calidad alimentaria y de figuras de calidad diferenciada. El pequeño comercio alimentario de proximidad, una vez perdidos en el tiempo las ferias y mercados tradicionales, ha sido un aspecto que casi nunca ha preocupado, quizá dando por supuesto que tal actividad ni merecía la pena, ni resultaba legalmente posible para los productores primarios. El comercio de proximidad se identificó, a lo sumo, con la regulación e impulso del comercio minorista en los territorios rurales.

De esta manera, prácticamente todas las posibilidades que brindaba el paquete higiene europeo (la legislación alimentaria de la UE de comienzos de siglo) para «flexibilizar» las exigencias propias del operador de empresa agroalimentaria, quedaron inexploradas.

Como muestra este volumen, fueron otras las Comunidades Autónomas las que, bien de modo directo, bien a través de sus Planes de Desarrollo pusieron el foco en las pocas, pero significativas, posibilidades de que los productos tradicionales, el comercio minorista o la venta de «pequeñas cantidades» de productos primarios accedieran a la venta sin sujeción al complejo marco normativo de la estricta empresa agroalimentaria.

Un observador económico seguramente despreciará, por su escaso valor económico total, la trascendencia de estas transacciones de proximidad si el marco jurídico las hiciera posible o las facilitará. Pero en un momento en que ciertos grupos de consumidores vuelven (volvemos) a apreciar el valor de lo que nos parece *autentico*, por razones que no sabemos explicar; en un momento en que en España se redescubre el valor económico del *terroir*, y cuando todos somos de una u otra forma turistas rurales, posibilitar que la pequeña explotación agropecuaria pueda, sin excesivas cargas burocráticas, comerciar sin miedo, con su productos (su miel, sus huevos, sus conservas artesanales, sus productos tradicionales…) es una pequeña gota que dota de alguna actividad que repercute positivamente sobre el territorio.

Junto a los grandes planes estratégicos de dinamización rural, los grandes documentos que se remiten a Bruselas, las líneas de subvenciones y ayudas o la discriminación fiscal positiva, la acumulación de pequeñas medidas o regulaciones, o el levantamiento de obstáculos normativos para la actividad sobre el territorio rural, me parece una vía de dinamización rural igualmente trascendente.

Por ello, coincido plenamente con los autores de este trabajo y confío, como ellos, en que su contenido (oportunamente elevado a la Junta de Castilla y León como parte de un contrato de investigación) pueda servir para trasladar, a esta Comunidad, la experiencia de otros territorios.

El mundo rural y la academia tienen, por otra parte, una importante convergencia en ambos autores, de la que podemos esperar nuevas aportaciones, ideas y proyectos, en un futuro que les deseo lleno de éxitos.

Marcos M. Fernando Pablo
Catedrático de Derecho Administrativo
Universidad de Salamanca

En Zamora, a 13 diciembre 2023.

INTRODUCCIÓN

Desde mediados del siglo XX los territorios rurales han experimentado dos fenómenos interrelacionados. Por un lado, el incremento de la productividad agraria originada por la mecanización de las labores tradicionales del campo y, por otro, el paulatino éxodo rural y los acuciantes procesos de concentración de la población en los grandes núcleos urbanos. Paralelamente, la cadena alimentaria también ha sufrido importantes transformaciones hasta configurarse como un sistema basado en grandes cadenas de distribución nacionales e internacionales.

Este modelo ha terminado dando lugar a un sector agroalimentario desvinculado de los consumidores, la conservación del medio ambiente y el territorio, en un sentido amplio. Pese a ello, en los últimos años la sociedad reivindica un cambio en la industria agroalimentaria apostando por productos ecológicos y de temporada, que aúnen proximidad y respeto por la conservación del medio ambiente.

Los propios agricultores y ganaderos también demandan un cambio en el funcionamiento y la composición de los sistemas alimentarios, debido a que la mayor parte de los beneficios económicos van destinados a la distribución de productos. Las propias calles se han hecho eco de esta cuestión, ya que el hartazgo de agricultores y ganaderos ha sido plenamente visible en las diversas movilizaciones que han recorrido las principales arterias de las capitales de provincia con el propósito de reivindicar la falta de ayudas y la necesidad de una cadena de valor justa[1].

Todas estas circunstancias están interconectadas con el declive que están experimentando las comunidades rurales con desafíos demográficos, cuestión que ha logrado permear en la agenda política, institucional[2] y social. Incluso parecen vislumbrarse los primeros cambios normativos dirigidas a

1 El día 14 de mayo de 2023 se reunían en la capital española más de 500 colectivos de la agricultura, la ganadería, la pesca y la caza unidas en la plataforma SOS Rural y Alma Rural clamando por una legislación del sector primario justa y más ayudas al sector ante el contexto de sequía y subida de precios actual. Disponible en: https://acortar.link/gUwUbi.

2 Sirva como ejemplo el Plan de Medidas ante el Reto Demográfico, el cual destinará más de 10.000 millones de euros y 130 políticas activas a luchar contra la despoblación y garantizar la cohesión territorial y social.

paliar esta problemática los cuales, sin embargo, están abocados al fracaso porque siguen configurándose, desde el diseño y por defecto, con un marcado carácter urbanocéntrico[3]. En efecto, una lectura de los últimos hitos normativos publicados en el Boletín Oficial del Estado permite entrever una amalgama de leyes e instrumentos jurídicos que configuran un corpus normativo ajeno a las comunidades rurales y su particular idiosincrasia[4], generando situaciones ilógicas que obstaculizan cualquier intento de dinamización económica y revitalización social en este preciado entorno[5].

La regulación que envuelve la industria agroalimentaria constituye un ejemplo paradigmático de esta peligrosa realidad, constituyendo una suerte de «neocolonialismo normativo»[6] que hace más necesario que nunca «repensar, modificar y modernizar el ordenamiento jurídico, porque el derecho positivo está estrangulando buena parte de las iniciativas en el ámbito rural»[7]. Cierta-

---

3 El profesor Domínguez Álvarez escribe acerca de la sobrerregulación de la ruralidad y su pernicioso efecto y es que, el derecho administrativo se traduce en nuestras áreas rurales en multitud de normas de rígida aplicación que muchas veces están muy alejadas de la realidad objeto de regulación. Se ha configurado un corpus normativo urbanita alejado de la idiosincrasia rural que ha desincentivado en muchas ocasiones proyectos públicos y privados. *Vid.* DOMÍNGUEZ ÁLVAREZ, J. L., *Comunidades discriminadas y territorios rurales abandonados. Políticas públicas y derecho administrativo frente a la despoblación*, Thomson Reuters Aranzadi, Cizur Menor, 2020, p. 230.

4 *Vid.* CAMARERO RIOJA, L., OLIVA, J. y QUEROL, V. A., «Retos de cambio para la vida rural: procesos, dinámicas y políticas públicas», en *Recerca, Revista de pensament i analisis*, núm. 28, vol. 1, 2023, p. 2.

5 En los últimos años no solamente se han diseñado los contornos propios de una auténtica política de reto demográfico y territorial multinivel, sino que además se ha puesto de relieve la sinrazón en la que había incurrido nuestro legislador en numerosas ocasiones sometiendo a los territorios rurales a una hipertrofia normativa desmedida que parte del más absoluto desconocimiento de la realidad propia de las comunidades rurales. Algunos ejemplos recientes de esta mala praxis los encontramos en la Ley 7/2023, de 28 de marzo, de protección de los derechos y el bienestar de los animales, el Real Decreto-ley 20/2022, de 27 de diciembre, de medidas de respuesta a las consecuencias económicas y sociales de la Guerra en Ucrania y de apoyo a la reconstrucción de la isla de La Palma y a otras situaciones de vulnerabilidad, o el Real Decreto-ley 6/2022, de 29 de marzo, por el que se adoptan medidas urgentes en el marco del Plan Nacional de respuesta a las consecuencias económicas y sociales de la guerra en Ucrania. *Vid.* DOMÍNGUEZ ÁLVAREZ, J. L., «Retos y oportunidades de la inclusión de la dimensión geográfica y territorial en la iniciativa legislativa y en los procesos de diseño e implementación de políticas públicas», en FERNANDO PABLO, M. M. y DOMÍNGUEZ ÁLVAREZ, J. L. (Dirs.), *Rural Renaissance: territorio, precio y valor*, Aranzadi, 2023, pp. 249 y ss.

6 En torno a esta cuestión, más ampliamente: DOMÍNGUEZ ÁLVAREZ, J. L., «Algunos apuntes acerca de la necesidad de repensar el ordenamiento jurídico y la técnica normativa como premisas para afrontar el reto demográfico y territorial», en *Revista Española de Función Consultiva*, núm. 33, 2020, pp. 103 y ss.

7 Véase la comparecencia del miembro del Grupo de Investigación Reconocido «Next Generation UE —Derecho Administrativo—» (NEGUEDA) de la Universidad de Salamanca, D. José Luis Domínguez Álvarez, ante la Comisión de Despoblación y Reto Demográfico

mente, y pese a la importancia capital que posee el sector agroalimentario en el mundo rural, el Reino de España se ha caracterizado por el establecimiento y la consolidación de numerosos impedimentos jurídico-administrativas, los cuales han adoptado, por lo general, la forma de prolongados e insufribles trámites burocráticos que lejos de garantizar la completa y plena aplicación del acervo comunitario en materia de calidad y seguridad alimentaria, han supuesto la aparición de un obstáculo insalvable para la promoción del comercio de proximidad y el desarrollo de innovadores proyectos personales y profesionales en las áreas escasamente pobladas de la geografía española.

Esta tendencia constituye una manifestación más del pernicioso efecto que una exorbitada (des)regulación de la realidad rural y una excesiva intervención administrativa, pensada desde una órbita urbanita y capitalina que parte del total desconocimiento de la problemática que padecen los habitantes de los territorios rurales, provoca en la acentuación de los procesos de abandono y olvido de estas extensas regiones, dificultando otorgar una respuesta efectiva al reto demográfico que permita a su vez alcanzar un modelo de desarrollo territorial cohesionado y sostenible a medio y largo plazo.

Sin embargo, tras la adopción del Real Decreto 1086/2020 todo apunta a que se aproximan importantes vientos de cambio y que el establecimiento de novedosas formulas normativas tendentes al establecimiento de un régimen jurídico diferenciado en favor de los territorios rurales despoblados, con el firme propósito de insuflar un hálito de vida a estas sociedades, ha venido para quedarse.

Ante esta situación, el presente estudio aboga por dibujar una serie de transformaciones normativas (y también institucionales) con el propósito de impulsar una forma de comercialización alternativa basada en la proximidad: los canales cortos de comercialización, los cuales se erigen como una oportunidad para construir una cadena alimentaria más justa y sostenible, pero también para desplegar una actividad económica adicional que puede ayudar al desarrollo rural en aquellas comunidades rurales con desafíos demográficos, entendidas como territorios-recurso, a través de la dinamización de otros sectores como la transformación de alimentos, la restauración y el agroturismo.

Esta forma de comercialización alternativa se encuentra en línea con los exigentes objetivos medioambientales establecidos por la Unión Europea, pues el modelo agroalimentario hegemónico que impera en la actualidad lleva aparejadas numerosas externalidades ambientales negativas por todos conocidas. Así, como consecuencia del Pacto Verde Europeo se han aprobado dos estrategias que apuestan por modelos agroalimentarios basados

del Senado de España, para exponer el trabajo de investigación «La discriminación jurídico-administrativa positiva como herramienta transformadora de la realidad rural». Más información, disponible en: https://acortar.link/yjWvYY.

en la temporalidad, la cercanía y el valor añadido de los productos ecológicos. Nos estamos refiriendo a la Estrategia de la Granja a la Mesa y la Estrategia Horizonte 2030.

En esta voluntad de cambio el derecho tiene un papel fundamental, pues es el encargado de regular[8], pero también legitimar formas de comercialización y de consumo más sostenibles e igualmente seguras. La legislación europea y nacional abre la puerta a adaptaciones, flexibilizaciones y excepciones en pro de facilitar la construcción de sistemas agroalimentarios basados en la proximidad.

No obstante, corresponde a las Comunidades Autónomas la función de concretar esta legislación, circunstancia que ha permitido poner en marcha multitud de regulaciones dispares, de diferente magnitud y calado. De esta forma encontramos, un amplio abanico de alternativas legislativas, desde aquellas que apuestan por promover abiertamente sus propios productos regionales, convirtiendo el comercio de proximidad en un complemento más de otras actividades económicas como el turismo, a aquellos otros territorios que en sensu contrario, han abogado tradicionalmente por limitar las posibilidades de este comercio hasta reducirlo a su mínima expresión. El resultado de emplear esta última alternativa es la existencia de un comercio de proximidad casi anecdótico y de supervivencia, más que la articulación de una herramienta económica que contribuya a la dinamización de las economías locales, como ocurre en el supuesto de Castilla y León.

Ante esta tesitura, el presente trabajo pretende clarificar el marco de excepciones, adaptaciones y flexibilizaciones permitidas por el derecho comunitario y nacional, para posteriormente analizar la legislación de las diferentes Comunidad Autónomas, con el propósito de esbozar una serie de propuestas legislativas orientadas a impulsar el fomento del comercio agroalimentario de proximidad en aquellos territorios rurales con desafíos demográficos, en sintonía con las medidas normativas que ya están implementando en otras regiones geográficas de la Unión Europea con extraordinarios resultados.

8 El profesor Fernando Pablo definía el problema rural como un problema de personas; un problema de territorios; un problema, en primer lugar, jurídico, pues a ese campo pertenece la regulación de las relaciones no solo entre personas, sino también entre poderes públicos y ciudadanos, y entre personas y medio, vid. Fernando Pablo, M. M., «Devolver el alma a los pueblos: el encuentro "Rural Renaissance"», en *Ars Iuris Salmanticensis*, vol. 7, 2019, p. 12.

I

DEFINICIONES

Antes de emprender la empresa de analizar el marco de flexibilidad de la Unión Europea es conveniente destinar algunos esfuerzos a aclarar algunos términos que pueden ser confusos entre sí, los cuales en muchas ocasiones son empleados de forma errónea: canal corto de comercialización y venta directa.

Así las cosas, los Canales Cortos de Comercialización (CCC) se caracterizan no por la distancia existente entre el consumidor y el productor, sino más bien por la información que percibe y llega al consumidor sobre el producto. De esta forma, esta modalidad «*permite al consumidor establecer conexiones y asociaciones con el lugar de producción y, potencialmente conocer los valores de las personas involucradas y los métodos de producción empleados*»[9].

Por su parte, la legislación europea los definió por vez primera en el Reglamento (UE) n.° 1305/2013 del Parlamento Europeo y del Consejo, de 17 de diciembre de 2013, relativo a la ayuda al desarrollo rural a través del Fondo Europeo Agrícola de Desarrollo Rural (FEADER) y por el que se deroga el Reglamento (CE) n.° 1698/2005 del Consejo. En su artículo 2.m) establece que es aquella «*cadena de distribución en la que interviene un número limitado de agentes económicos, dedicados a la cooperación, el desarrollo económico local y las relaciones geográficas y sociales de cercanía entre los productores, los transformadores y los consumidores*». En este estudio partiremos de un tipo de comercialización en la que interviene un intermediario o ninguno, siendo este intermediario un establecimiento de comercio al por menor o una empresa de mensajería.

En relación con la venta directa, conviene subrayar que esta es una de las formas de distribución que contemplan los CCC. Por esta razón, la Organización de Consumidores y Usuarios (OCU) la define como «*la venta que un productor hace directamente al consumidor ya sea en su propia explotación,*

9 *Vid.* COMISIÓN EUROPEA, *Short food supply chains and local food systems in the EU*, Bruselas, 2013.

en tiendas o mercados específicos o bien mediante sistemas de envío a distancia». También se considera como tal cuando la venta la hace un intermediario, siempre que sea sólo uno y sea de cercanía[10]. En este concepto se pone énfasis en los intermediarios, incluyendo de forma expresa la posibilidad de venta a distancia. Pues Internet se presenta como una oportunidad para fomentar esta conexión entre productor y comprador[11].

Por tanto, podemos concluir que la venta directa no es sino una más de las formas de venta que contemplan los CCC, siendo éstas las que nos interesen para el objeto y finalidad de este estudio. A este respecto, conviene señalar que los tipos de venta directa son variados. Así Aznar Prades[12] los clasifica de la siguiente forma:

1. «**Venta directa en la explotación**»: los productores venden sus productos en la propia explotación, siendo los consumidores quienes se desplazan a adquirirlos.
2. «**Mercados de productores**»: los productores venden sus productos en ferias y mercados organizados por instituciones públicas o privadas.
3. «**Tiendas de venta directa**»: varios productores pueden asociarse para poner en común medios para vender conjuntamente sus productos.
4. «**Grupos de consumo**»: los consumidores se asocian para comprar directamente a los productores y organizar el reparto.
5. «**Plataformas online**»: páginas web en las que los productores exponen y venden sus productos en línea y sin intermediarios.
6. «**Venta a restauración colectiva**»: el productor suministra de forma directa a comedores colectivos, hospitales, residencias de mayores, etc.

Por su parte, la normativa europea contempla un buen número de definiciones cuyo manejo se hace imprescindible para el correcto entendimiento de la legislación objeto de estudio. En este sentido, destacan en primer término los conceptos detallados en el Reglamento (CE) n.º 178/2002 del Parlamento Europeo y del Consejo, de 28 de enero de 2002, por el que se establecen los principios y los requisitos generales de la legislación alimentaria, se crea la

10 *Vid.* Organización de Consumidores y Usuarios: *Venta directa de alimentos*. Disponible en: https://acortar.link/2njVWu.

11 Sirva como ejemplo la plataforma Correos Market, tienda online donde empresas españolas y productores artesanos venden sus productos sin comisiones ni intermediarios. Más información, disponible en: https://acortar.link/frTrAT.

12 *Vid.* Aznar Prades, G., *La venta directa de productos agroalimentarios en España y Francia*, Hecho en los Pirineos, 2017, p. 15.

Autoridad Europea de Seguridad Alimentaria y se fijan procedimientos relativos a la seguridad alimentaria:

1. «**Legislación alimentaria**»: las disposiciones legales, reglamentarias y administrativas aplicables en la Comunidad Europea o a nivel nacional a los alimentos en general, y a la seguridad de los alimentos en particular. Se aplica a cualquiera de las etapas de la producción, la transformación y la distribución de alimentos, así como de piensos producidos para alimentar a los animales destinados a la producción de alimentos o suministrados a dichos animales.
2. «**Empresa alimentaria**»: toda empresa pública o privada que, con o sin ánimo de lucro, lleve a cabo cualquier actividad relacionada con cualquiera de las etapas de la producción, la transformación y la distribución de alimentos.
3. «**Explotador de empresa alimentaria**»: las personas físicas o jurídicas responsables de asegurar el cumplimiento de los requisitos de la legislación alimentaria en la empresa alimentaria bajo su control.
4. «**Comercio al por menor**»: la manipulación o la transformación de alimentos y su almacenamiento en el punto de venta o entrega al consumidor final; se incluyen las terminales de distribución, las actividades de restauración colectiva, los comedores de empresa, los servicios de restauración de instituciones, los restaurantes y otros servicios alimentarios similares, las tiendas, los centros de distribución de los supermercados y los puntos de venta al público al por mayor.
5. «**Comercialización**»: la tenencia de alimentos o piensos con el propósito de venderlos; se incluye la oferta de venta o de cualquier otra forma de transferencia, ya sea a título oneroso o gratuito, así como la venta, distribución u otra forma de transferencia.
6. «**Riesgo**»: la ponderación de la probabilidad de un efecto perjudicial para la salud y de la gravedad de ese efecto, como consecuencia de un factor de peligro.
7. «**Análisis del riesgo**»: un proceso formado por tres elementos interrelacionados: determinación del riesgo, gestión del riesgo y comunicación del riesgo.
8. «**Determinación del riesgo**»: un proceso con fundamento científico formado por cuatro etapas: identificación del factor de peligro, caracterización del factor de peligro, determinación de la exposición y caracterización del riesgo.
9. «**Gestión del riesgo**»: el proceso, distinto del anterior, consistente en sopesar las alternativas políticas en consulta con las partes interesadas, teniendo en cuenta la determinación del riesgo y otros factores pertinentes, y, si es necesario, seleccionando las opciones apropiadas de prevención y control.

10. «**Comunicación del riesgo**»: el intercambio interactivo, a lo largo de todo el proceso de análisis del riesgo, de información y opiniones en relación con los factores de peligro y los riesgos, los factores relacionados con el riesgo y las percepciones del riesgo, que se establece entre los responsables de la determinación y los responsables de la gestión del riesgo, los consumidores, las empresas alimentarias y de piensos, la comunidad científica y otras partes interesadas; en ese intercambio está incluida la explicación de los resultados de la determinación del riesgo y la motivación de las decisiones relacionadas con la gestión del riesgo.
11. «**Factor de peligro**»: todo agente biológico, químico o físico presente en un alimento o en un pienso, o toda condición biológica, química o física de un alimento o un pienso que pueda causar un efecto perjudicial para la salud.
12. «**Trazabilidad**»: la posibilidad de encontrar y seguir el rastro, a través de todas las etapas de producción, transformación y distribución, de un alimento, un pienso, un animal destinado a la producción de alimentos o una sustancia destinados a ser incorporados en alimentos o piensos o con probabilidad de serlo.
13. «**Etapas de la producción, transformación y distribución**»: cualquiera de las fases, incluida la de importación, que van de la producción primaria de un alimento, inclusive, hasta su almacenamiento, transporte, venta o suministro al consumidor final, inclusive, y, en su caso, todas las fases de la importación, producción, fabricación, almacenamiento, transporte, distribución, venta y suministro de piensos.
14. «**Producción primaria**»: la producción, cría o cultivo de productos primarios, con inclusión de la cosecha, el ordeño y la cría de animales de abasto previa a su sacrificio. Abarcará también la caza y la pesca y la recolección de productos silvestres.
15. «**Consumidor final**»: el consumidor último de un producto alimenticio que no empleará dicho alimento como parte de ninguna operación o actividad mercantil en el sector de la alimentación.

Por su parte, el Reglamento (CE) n.° 853/2004 del Parlamento Europeo y del Consejo, de 29 de abril de 2004, por el que se establecen normas específicas de higiene de los alimentos de origen animal contempla las siguientes definiciones o apreciaciones conceptuales:

1. «**Carne**»: las partes comestibles de los animales, incluida la sangre.
2. «**Ungulados domésticos**»: los animales domésticos de las especies bovina (incluidas las especies Bubalus y Bison), porcina, ovina y caprina, así como los solípedos domésticos.

3. «**Aves de corral**»: las aves de cría, incluidas las aves que no se consideran domésticas pero que se crían como animales domésticos, con excepción de las ratites.
4. «**Lagomorfos**»: los conejos, liebres y roedores.
5. «**Caza silvestre**»: los ungulados y lagomorfos silvestres, así como otros mamíferos terrestres que se cazan para el consumo humano y son considerados caza silvestre con arreglo a la legislación aplicable en el Estado miembro de que se trate, incluidos los mamíferos que viven en territorios cerrados en condiciones de libertad similares a las de los animales de caza silvestre, y las aves silvestres cazadas para el consumo humano.
6. «**Caza menor silvestre**»: las aves de caza silvestres y los lagomorfos que viven en libertad.
7. «**Caza mayor silvestre**»: los mamíferos terrestres salvajes que viven en libertad y que no entran en la definición de caza menor silvestre.
8. «**Canal**»: el cuerpo de un animal una vez sacrificado y faenado.
9. «**Carne fresca**»: la carne que no ha sido sometida a procesos de conservación distintos de la refrigeración, la congelación o la ultracongelación, incluida la carne envasada al vacío o envasada en atmósfera controlada.
10. «**Despojos**»: la carne fresca que no sea la de la canal, incluidas las vísceras y la sangre.
11. «**Vísceras**»: los órganos de las cavidades torácica, abdominal y pélvica, así como la tráquea y el esófago y, en el caso de las aves, el buche.
12. «**Carne picada**»: la carne deshuesada que ha sido sometida a una operación de picado en trozos y que contiene menos de 1 % de sal.
13. «**Carne separada mecánicamente**» (CSM): el producto obtenido extrayendo la carne de los huesos carnosos después del deshuesado, o de las canales de las aves, por medios mecánicos que ocasionan la pérdida o alteración de la estructura de la fibra muscular.
14. «**Preparados de carne**»: la carne fresca, incluida la carne que ha sido troceada, a la que se han añadido productos alimenticios, condimentos o aditivos, o que ha sido sometida a transformaciones que no bastan para alterar la estructura interna de la fibra muscular ni, por lo tanto, para eliminar las características de la carne fresca.
15. «**Matadero**»: el establecimiento donde se sacrifican y faenan animales cuya carne está destinada al consumo humano.
16. «**Planta de despiece**»: el establecimiento utilizado para deshuesar o despiezar carne.

17. «**Establecimiento de manipulación de caza**»: todo establecimiento en el que se prepara la caza y la carne de caza después de cazarla para ponerlas a la venta.
18. «**Moluscos bivalvos**»: los moluscos lamelibranquios que se alimentan por filtración.
19. «**Biotoxinas marinas**»: las sustancias tóxicas acumuladas en los moluscos bivalvos, en particular debido a la ingestión de plancton que contenga dichas toxinas.
20. «**Productos de la pesca**»: todos los animales marinos o de agua dulce (salvo los moluscos bivalvos vivos, los equinodermos vivos, los tunicados vivos y los gasterópodos marinos vivos, así como todos los mamíferos, reptiles y ranas), ya sean salvajes o de cría, incluidas todas las formas, partes y productos comestibles de dichos animales.
21. «**Productos de la pesca frescos**»: los productos de la pesca sin transformar, enteros o preparados, incluidos los productos embalados al vacío o en atmósfera modificada, que no se hayan sometido a ningún tratamiento distinto de la refrigeración para garantizar su conservación.
22. «**Productos de la pesca preparados**»: los productos de la pesca sin transformar que se hayan sometido a una operación que afecte a su integridad anatómica, como evisceración, descabezado, corte en rodajas, fileteado y picado.
23. «**Leche cruda**»: la leche producida por la secreción de la glándula mamaria de animales de abasto que no haya sido calentada a una temperatura superior a 40 °C ni sometida a un tratamiento de efecto equivalente.
24. «**Explotación productora de leche**»: el establecimiento que dispone de uno o más animales de abasto para la producción de leche con vistas a ponerla en el mercado como alimento.
25. «**Huevos**»: los huevos con cáscara –con exclusión de los cascados, incubados o cocidos– de aves de cría aptos para el consumo humano directo o para la preparación de ovoproductos.
26. «**Huevo líquido**»: el contenido del huevo no transformado después de quitar la cáscara.
27. «**Huevos resquebrajados**»: los huevos cuya cáscara esté resquebrajada, con las membranas intactas.
28. «**Centro de embalado**»: el establecimiento donde se calibran los huevos por peso y calidad.
29. «**Ancas de rana**»: la parte posterior del cuerpo seccionado transversalmente por detrás de las extremidades anteriores, eviscerada y despellejada, de la especie Rana (familia de los Ránidos).

30. **«Caracoles»**: los gasterópodos terrestres de las especies Helix pomatia Linné, Helix aspersa Muller, Helix lucorum y de las especies pertenecientes a la familia de los Acatínidos.

31. **«Productos cárnicos»**: los productos transformados resultantes de la transformación de la carne o de la nueva transformación de dichos productos transformados, de modo que la superficie de corte muestre que el producto ha dejado de poseer las características de la carne fresca.

32. **«Productos lácteos»**: los productos transformados como resultado de la transformación de la leche cruda, o de la transformación subsiguiente de tales productos transformados.

33. **«Ovoproductos»**: los productos transformados resultantes de la transformación de huevos, de diversos componentes o mezclas de huevos, o de la transformación subsiguiente de tales productos transformados.

34. **«Productos de la pesca transformados»**: productos transformados resultantes de la transformación de productos de la pesca o de la nueva transformación de dichos productos transformados.

35. **«Grasas animales fundidas»**: las grasas obtenidas por fundición mediante tratamiento térmico de la carne (incluidos los huesos) y destinadas al consumo humano.

36. **«Chicharrones»**: los residuos proteicos de la fundición de grasas, tras la separación parcial de la grasa y el agua.

37. **«Gelatina»**: la proteína natural, soluble, gelificante o no, obtenida mediante la hidrólisis parcial de colágeno producido a partir de huesos, pieles, tendones y nervios de animales.

38. **«Colágeno»**: el producto a base de proteína obtenido a partir de huesos, pieles, tendones y nervios de animales y fabricado de conformidad con las disposiciones pertinentes del presente Reglamento.

39. **«Estómagos, vejigas e intestinos tratados»**: los estómagos, vejigas e intestinos que hayan sido sometidos a tratamientos como salado, calentamiento o secado después de haberse extraído y después de limpiarlos.

II

LA CONEXIÓN ENTRE LA MODERNIZACIÓN DEL DERECHO AGROALIMENTARIO Y LA REVITALIZACIÓN DE LOS TERRITORIOS RURALES CON DESAFÍOS DEMOGRÁFICOS

En la Unión Europea[13] el sector agroalimentario es la principal actividad de la producción manufacturera, con un valor cuya cifra de negocios supera los 1.205.000 millones de euros, lo que representa algo más del 14 % del consumo. En la actualidad, cuenta con 289.000 empresas que dan empleo a 4,24 millones de personas y donde las pequeñas y medianas empresas representan el 48,3 % del total de cifra de negocio del sector alimentario y el 62,1 % del conjunto de los puestos de trabajo[14].

---

13 De conformidad con los datos que obran en poder de FOOD AND DRINK EUROPE, Annual Report 2021, Bélgica, 2020, p. 4, «Europe's food and drink industry is committed to generating sustainable growth by increasing value added up to 2,5-3,5 % per year by 2025 and, for the time being, it is firmly on track».

14 En efecto, uno de los rasgos distintivos de la industria agroalimentaria es que la misma está integrada mayoritariamente por pequeñas y medianas empresas, junto con grandes grupos industriales españoles e internacionales. *Vid.* FERNANDO PABLO, M. M., «La Ley 12/2013 de 2 de agosto, de medidas para mejorar el funcionamiento de la cadena alimentaria», en *Ars Iuris Salmanticensis*, vol. 2, núm. 1, 2014, p. 168.
Hasta tal punto es así, que el 95,4 % de dichas empresas son Pymes con menos de 50 empleados, y un 79,8 % tienen menos de 10 trabajadores. En conjunto, 9 de cada 10 empresas son PYMES. *Vid.* MINISTERIO DE AGRICULTURA, PESCA Y ALIMENTACIÓN, *Informe anual de la industria alimentaria española*, periodo 2019-2020, Madrid, 2020, p. 1.

Como si de un paralelismo se tratara, en nuestro país[15], la industria agroalimentaria desempeña un papel clave[16] en el conjunto de los sectores económicos, ocupando el primer lugar en la rama industrial. Constituye, además, una pieza fundamental en la cadena alimentaria[17] al situarse como eslabón intermedio, aportando valor añadido a la producción primaria y siendo el principal consumidor del mercado agrario, imprescindible en muchas regiones de nuestro país, especialmente en el medio rural[18], siendo uno de los sectores esenciales que se erige como respuesta al reto demográfico[19] y como freno al agravado problema de despoblación que padecen buena parte de los territorios rurales de nuestro país[20].

---

15 La industria alimentaria española ocupa el quinto puesto en valor de cifra de negocios con un 9,5 %, tras Francia (16,4 %), Alemania (15,4 %), Italia (12,0 %) y Reino Unido (11,9 %).

16 Según los últimos datos de Estadística Estructural de Empresas del INE, en España, la industria de alimentación y bebidas es la primera rama manufacturera del sector industrial, con 125.841,8 millones de euros de cifra de negocios lo que representa el 22,8 % del sector industrial, el 21,5 % de las personas ocupadas y el 18,9 % del valor añadido.

17 *Cfr.* TERRÓN SANTOS, D. (Dir.), *Estudios de Derecho Agroalimentario*, Granada, Comares, 2018, 280 pp., obra colectiva que proporciona al lector una fidedigna información sobre las principales normas que regulan la industria agroalimentaria y su potencial económico.

18 Como pone de relieve el Plan de Recuperación, Transformación y Resiliencia «España puede» para la ejecución del Instrumento Europeo de Recuperación, «el sector agroalimentario (...) es clave para afrontar el reto demográfico y el equilibrio territorial entre las áreas rurales y las urbanas, y contribuye además a equilibrar la balanza comercial de España, con unas exportaciones que superan los 53.700 millones de euros y un saldo positivo de 14.600 millones». *Vid.* PRESIDENCIA DEL GOBIERNO, *Plan de Recuperación, Transformación y Resiliencia «España puede»*, Madrid, 2020, p. 146.

19 En efecto, como ya señalamos con objeto de una publicación anterior, «pese al retardo con que la agricultura española se moviliza en sentido moderno después de la segunda guerra mundial, lo cierto es que, incorporado el Reino de España a lo que es hoy la Unión Europea, las cifras económicas indican que ese sector, en su conjunto, es un factor económico importante, aunque no todo el espacio rural contribuya con igual peso. Según las mejores cifras de la pasada década, el 17 % por ciento de las exportaciones del Reino de España (cuarto exportador agrícola de la UE, por detrás de Países Bajos, Alemania y Francia) corresponde a ese sector, que representa, además, el 2,8 del PIB. El mundo rural agroganadero es, por tanto, un importante agente económico, aun prescindiendo del porcentaje que, en esas cifras, le corresponda». *Vid.* FERNANDO PABLO, M. M., «¡Faltan cabezas!: una nota sobre derecho público y ruralidad», en FERNANDO PABLO, M. M. y DOMÍNGUEZ ÁLVAREZ, J. L. (Dirs.), *Rural Renaissance: Derecho y Medio Rural*, Cizur Menor, Thomson Reuters-Aranzadi, Cizur Menor, 2020, p. 21.

20 España es el país más despoblado del sur de la Unión Europea, únicamente el 5 % de su población ocupa el 53 % del territorio total. *Vid.* DOMÍNGUEZ ÁLVAREZ, J. L., «La despoblación en Castilla y León: políticas públicas innovadoras que garanticen el futuro de la juventud en el medio rural», en *Cuadernos de Investigación en Juventud*, núm. 6, 2019, p. 22. La despoblación del medio rural es especialmente preocupante en provincias como Soria, Teruel, Zamora, Ávila, Burgos o Salamanca, en las que más del 90 por 100 de todos sus municipios tiene menos de 1.001 habitantes. Ligeramente mejor es la situación que se da en las provincias de Guadalajara, Palencia, Zaragoza, Valladolid, Segovia, Huesca, Cuenca y La Rioja, que presentan tasas que superan el 80 por 100. *Vid.* FEDERACIÓN ESPAÑOLA

Sentada esta importante premisa, es pertinente y pertinaz recordar que con fecha 14 de diciembre de 2019 entró en vigor el Reglamento (UE) 2017/625, del Parlamento Europeo y del Consejo, de 15 de marzo de 2017, relativo a los controles y otras actividades oficiales realizados para garantizar la aplicación de la legislación sobre alimentos y piensos, y de las normas sobre salud y bienestar de los animales, sanidad vegetal y productos fitosanitarios (en adelante Reglamento de Control Oficial de la Cadena Agroalimentaria[21] —RCO—).

Por su parte, el 21 de abril de 2021 se produjo la plena aplicación del Reglamento (UE) 2016/429, del Parlamento Europeo y del Consejo, de 9 de marzo de 2016, relativo a las enfermedades transmisibles de los animales y por el que se modifican o derogan algunos actos en materia de sanidad animal; mientras que el Reglamento (UE) 2016/2031 del Parlamento Europeo y del Consejo, de 26 de octubre de 2016, relativo a las medidas de protección contra las plagas de los vegetales[22], despliega sus efectos normativos desde el pasado 21 de enero del año en curso. Estas importantes transformaciones del acervo comunitario representan un desafío sin precedentes para el Dere-

---

de Municipios y Provincias, *Documento de acción. Listado de medidas para luchar contra la despoblación en España*, Madrid, 2017, pp. 4 y ss.

Es decir, en catorce provincias al menos ocho de cada diez municipios subsisten con menos de mil habitantes censados, lo que amenaza su supervivencia, dado no solo sus escuálidos censos sino el elevado envejecimiento de su población. Además, en algunos casos, como la Ibérica, que es un territorio montañoso que aglutina 1.632 municipios de Castilla y León, Castilla-La Mancha, Aragón, la Comunidad Valenciana y La Rioja, más del 76 por 100 de las localidades son remotas, el 40 por 100 de los municipios superan como media los 50 años, y la densidad media de población es de 7,9 habitantes por km2. Esta zona, junto a Laponia, son los dos únicos territorios de la Unión Europea que registran densidades inferiores a 8 habitantes por km^2. Todo ello conforme a los indicadores de los que dispone la Unión Europea en la actualidad (NUTS), a nuestro entender obsoletos y pendientes de revisión, puesto que la realidad del medio rural es bien distinta y mucho más alarmante. *Cfr.* Consejo Económico y Social, *Informe sobre el medio rural y su vertebración social y territorial*, Madrid, 2018, p. 8.

21 No debe olvidarse que la adopción de este importante instrumento jurídico trajo consigo un importante tsunami normativo, toda vez que promueve la modificación de los Reglamentos (CE) n.° 999/2001, (CE) n.° 396/2005, (CE) n.° 1069/2009, (CE) n.° 1107/2009, (UE) n.° 1151/2012, (UE) n.° 652/2014, (UE) 2016/429 y (UE) 2016/2031 del Parlamento Europeo y del Consejo, los Reglamentos (CE) n.° 1/2005 y (CE) n.° 1099/2009 del Consejo, y las Directivas 98/58/CE, 1999/74/CE, 2007/43/CE, 2008/119/CE y 2008/120/CE del Consejo, al tiempo que representa la derogación de otro importante conglomerado de normas comunitarias, entre las que se encuentran los Reglamentos (CE) n.° 854/2004 y (CE) n.° 882/2004 del Parlamento Europeo y del Consejo, las Directivas 89/608/CEE, 89/662/CEE, 90/425/CEE, 91/496/CEE, 96/23/CE, 96/93/CE y 97/78/CE del Consejo y la Decisión 92/438/CEE del Consejo (Reglamento sobre controles oficiales).

22 Esta norma representa la modificación de los Reglamentos (UE) n.° 228/2013, (UE) n.° 652/2014 y (UE) n.° 1143/2014 del Parlamento Europeo y del Consejo y la derogación de las Directivas 69/464/CEE, 74/647/CEE, 93/85/CEE, 98/57/CE, 2000/29/CE, 2006/91/CE y 2007/33/CE del Consejo.

cho interno en su conjunto y, en singular para la ordenación normativa en la materia de buena parte de las Comunidades Autónomas, lo que produce una afectación directa para el despliegue de la industria agroalimentaria en su compleción. Incluidas aquellas regulaciones autonómicas más avanzadas en la materia objeto de estudio, como pueden ser el Decreto 163/2016, de 18 de octubre, por el que se regula el régimen administrativo y el sistema de información de venta directa de los productos primarios desde las explotaciones agrarias y forestales a las personas consumidoras finales y establecimientos de comercio al por menor; la Ley 7/2017, de 28 de junio, de Venta Local de Productos Agroalimentarios en Aragón; la Ley del Principado de Asturias 2/2019, de 1 de marzo, de calidad alimentaria, calidad diferenciada y venta directa de productos alimentarios; el Decreto 71/2020, de 9 de noviembre, por el que se regula en Castilla-La Mancha la venta directa de productos ligados a la explotación agraria; o el Decreto 17/2021, de 24 de marzo, por el que se regula el suministro directo por titulares de explotaciones agrarias de pequeñas cantidades de productos primarios.

Ante esta tesitura, el Gobierno de España adoptó el Real Decreto 1086/2020, de 9 de diciembre, por el que se regulan y flexibilizan determinadas condiciones de aplicación de las disposiciones de la Unión Europea en materia de higiene de la producción y comercialización de los productos alimenticios y se regulan actividades excluidas de su ámbito de aplicación[23]. Dicho hito normativo supone un paso decisivo para transformar el régimen jurídico de los canales cortos de comercialización agroalimentaria, situando a este sector económico como punta de lanza[24] ante el cambio de paradigma de las políticas públicas de desarrollo rural sostenible[25] que está por llegar.

---

23 Dicha norma incorpora una serie de importantes transformaciones normativas que permitan dinamizar la economía local de las áreas rurales a través del despliegue, en su plenitud, de las múltiples posibilidades que el acervo comunitario en materia de seguridad y calidad alimentaria, más conocido como «paquete higiénico», otorga a los Estados miembros a la hora de modular los requisitos estructurales de los establecimientos, para poder seguir utilizando métodos tradicionales en la producción, o para responder a las necesidades de las empresas situadas en regiones con condicionantes geográficos particulares, lo que contribuye significativamente a facilitar el comercio de proximidad, sin que ello suponga menoscabo alguno de los objetivos de higiene contemplados en dichos reglamentos. *Vid.* DOMÍNGUEZ ÁLVAREZ, J. L., «Discriminación normativa positiva como herramienta contra la despoblación de las áreas rurales. El comercio de proximidad», en *Ars Iuris Salmanticensis*, vol. 9, núm. 1, 2021, pp. 282-283.

24 Esta idea que ahora enunciamos se refleja igualmente en la Estrategia Común de Desarrollo Transfronterizo entre España y Portugal, suscrita con motivo de la XXXI Cumbre hispano-portuguesa celebrada en la ciudad de Guarda a finales de 2020, en la cual se establece la creación de un programa de desarrollo agroforestal y agroalimentario de los territorios transfronterizos que promueva sistemas sostenibles; y la puesta en marcha de un programa de recuperación sostenible e inclusivo de las aldeas despobladas para rehabilitar su tejido social y urbano. *Vid.* MINISTERIO PARA LA TRANSICIÓN ECOLÓGICA Y EL RETO DEMOGRÁFICO, *Estrategia Común de Desarrollo Transfronterizo*, Guarda, 2020, p. 9.

25 Existe una extensa bibliografía acerca de la génesis y evolución del desarrollo rural soste-

En efecto, el comercio de proximidad necesita alcanzar jurídicamente el desarrollo suficiente para dar cuenta de este nicho de mercado[26], especialmente cuando la comercialización *ex situ* resulta ya ampliamente posible, como destacó el Parlamento Europeo, al solicitar la extensión de las Indicaciones Geográficas a productos artesanos, la relación entre un producto y el lugar donde ha sido fabricado es «esencial» para cierto nicho de mercado. En efecto, para cierto consumidor tiene un valor añadido la adquisición de productos, específicamente agroalimentarios, que expresen una vinculación a un origen.

Ante esta tesitura, el presente estudio tiene por objeto examinar las ventajas y potencialidades, así como las principales resistencias, que comporta el establecimiento de un tratamiento jurídico-administrativo diferenciado para las áreas rurales[27], prestando especial atención a la clarificación y modernización[28] del régimen jurídico de los canales cortos de comercialización agro-

nible, concepto amplio y complejo que, en líneas generales, hace referencia al proceso de mejora de las condiciones de vida de la población rural a partir de acciones emprendidas en los ámbitos sociodemográficos, económicos, culturales y medioambientales; sino también el impulso de una auténtica política de desarrollo rural. Acerca de esta cuestión son especialmente interesantes los estudios de BENAVENT FERNÁNDEZ DE CÓRDOBA, M., «Ordenación del territorio, planificación y gestión de las áreas de montaña», en *Revista de Estudios Andaluces*, núm. 6, 1986, pp. 65-74; NOGALES NAHARRO, M. A., «Desarrollo rural y desarrollo sostenible. La sostenibilidad ética», en *CIRIEC-España, Revista de economía pública, social y cooperativa*, núm. 55, 2006, pp. 7-42; GONZÁLEZ REGIDOR, J., «Medio rural y medio ambiente: por un desarrollo rural sostenible», en *Ambienta*, núm. 73, 2008, pp. 28-33; GONZÁLEZ BUSTOS, M. A., «Desarrollo territorial y urbano sostenible», en FERNANDO PABLO, M. M. (Dir.), *Derecho de la edificación y renovación urbana*, Tecnos, Madrid, 2016, pp. 19-35, etc.

Sin embargo, es necesario repensar el actual modelo de intervención pública en las áreas rurales, el cual oscila entre el neocolonialismo normativo y la inacción de las Administraciones públicas, agudizando aún más la problemática del vaciamiento demográfico de los territorios rurales y dificultando dar una respuesta eficaz al reto demográfico. Ha llegado la hora de apostar, de forma decidida, por la articulación de instrumentos jurídicos que permitan combatir la despoblación de la ruralidad. *Vid.* DOMÍNGUEZ ÁLVAREZ, J. L., «El agotamiento de las políticas públicas relacionadas con el desarrollo rural», en FERNANDO PABLO, M. M. y DOMÍNGUEZ ÁLVAREZ, J. L. (Dirs.), *Rural Renaissance: Derecho y Medio Rural*, Thomson Reuters-Aranzadi, Cizur Menor, 2020, p. 239.

26 En torno al tratamiento del sector agroalimentario en el derecho de la industria alimentaria, más ampliamente, vid. FERNANDO PABLO, M. M., «El tratamiento del sector agroalimentario en el derecho de la industria alimentaria», en TERRÓN SANTOS, D. (Dir.), *Estudios de Derecho Agroalimentario*, Comares, Granada, 2018, pp. 1-25.

27 En esencia, la problemática de la España vacia(da) es «un problema de personas; un problema de territorios; un problema, en primer lugar, jurídico, pues a ese campo pertenece la regulación de las relaciones no solo entre personas, sino también entre poderes públicos y ciudadanos, y entre personas y medio». *Vid.* FERNANDO PABLO, M. M., «Devolver el alma a los pueblos: el encuentro Rural Renaissance», en *Ars Iuris Salmanticensis*, vol. 7, núm. 2, 2019, p. 12.

28 En consonancia con lo establecido en las Directrices Generales de la Estrategia Nacional

alimentaria, concebidos estos como una herramienta imprescindible al servicio de la dinamización de la economía local y la revitalización de las áreas rurales.

De igual forma, constituye parte indisoluble de la finalidad de este estudio la necesidad de iniciar una reflexión sosegada, huyendo de planeamientos apriorísticos, acerca de la conveniencia de impulsar la digitalización del sector agroalimentario[29], analizando los nuevos horizontes que plantea el despliegue del comercio online[30] *(e-commerce)* de productos de proximidad en las áreas rurales despobladas en la línea establecida por el Plan de Recuperación, Transformación y Resiliencia «España puede», presentado por el Gobierno de España el pasado 7 de octubre de 2020.

Esta última cuestión, vista por algunos con cierto escepticismo, considerada por otros como utopía, es ya una realidad tangible en el Boletín Oficial del Estado, como demuestra la flamante publicación, entre otras[31], de la Orden ICT/949/2021, de 10 de septiembre, por la que se establecen las bases reguladoras de la línea de ayudas para el apoyo a mercados, zonas urbanas comerciales, comercio no sedentario y canales cortos de comercialización, y se procede a su convocatoria en el año 2021, en el marco del Plan de Recuperación, Transformación y Resiliencia[32].

---

frente al Reto Demográfico, adoptadas mediante acuerdo del Consejo de Ministros celebrado el 29 de marzo de 2019, a cuyo análisis nos referiremos inmediatamente a continuación.

29 Con este propósito, el MINISTERIO DE AGRICULTURA, PESCA Y ALIMENTACIÓN, *Estrategia de digitalización del sector agroalimentario y forestal y del medio rural*, Madrid, 2019, p. 7, ha adoptado recientemente la Estrategia de digitalización del sector agroalimentario y forestal y del medio rural, iniciativa que pretende contribuir a «definir las líneas estratégicas y al diseño de las medidas necesarias para impulsar la transformación digital de los sectores agroalimentario y forestal y del medio rural. Su objetivo general es buscar la eliminación o reducción de las barreras técnicas, legislativas, económicas y formativas existentes en la actualidad, contribuyendo así al liderazgo de un sector agroalimentario sostenible económica, social y medioambientalmente, y al poblamiento activo del medio rural, haciéndolo un lugar más atractivo, vivo, dinámico y diversificado, generador de riqueza y de empleo de calidad, con especial atención a jóvenes y mujeres».

30 Un claro ejemplo de la importancia de fomentar el comercio digital de productos locales de las áreas rurales lo encontramos en la iniciativa Correos Market y la campaña #YoMeQuedo.

31 Destacan igualmente la Orden ICT/950/2021, de 10 de septiembre, por la que se establecen las bases reguladoras de la línea de ayudas para el apoyo de la actividad comercial en zonas rurales y se procede a su convocatoria en el año 2021, en el marco del Plan de Recuperación, Transformación y Resiliencia; y la Orden ICT/951/2021, de 10 de septiembre, por la que se establecen las bases reguladoras de las líneas de ayudas para el fortalecimiento de la actividad comercial en zonas turísticas y se procede a su convocatoria en el año 2021, en el marco del Plan de Recuperación, Transformación y Resiliencia.

32 La citada orden se dicta al amparo de lo dispuesto en el artículo 149.1. 13.ª de la Constitución Española, que atribuye al Estado la competencia sobre bases y coordinación de la planificación general de la actividad económica, en cuyo ámbito se incluye el comercio (y su fomento) en cuanto sector estratégico para la economía española. En este sen-

tido, conviene recordar que, conforme a la jurisprudencia constitucional (por todas, STC 74/2014, de 8 de mayo, FJ 3), la competencia estatal sobre la base del artículo 149.1.13 CE tiene un «carácter transversal», de manera que «aun existiendo una competencia sobre un subsector económico que una Comunidad Autónoma ha asumido como «exclusiva» en su Estatuto, esta atribución competencial no excluye la competencia estatal para establecer las bases y la coordinación de ese subsector, y que el ejercicio autonómico de esta competencia exclusiva puede estar condicionado por medidas estatales, que en ejercicio de una competencia propia y diferenciada pueden desplegarse autónomamente sobre diversos campos o materias», siempre que el fin perseguido responda efectivamente a un objetivo de planificación económica.

III

LA IMPORTANCIA CAPITAL DEL SECTOR AGROALIMENTARIO EN LAS ECONOMÍAS Y COMUNIDADES RURALES

El sector agroalimentario es un elemento estratégico en las áreas rurales desde el punto de vista de las economías locales[33]. En efecto, la industria agroalimentaria se caracteriza por disponer de una amplia implantación en las regiones rurales, siendo especialmente significativas las actividades transformadoras[34] (elaboraciones artesanales locales, conserveras, etc.). Por tanto, resulta clave en el mantenimiento de las economías rurales[35], en tanto

33 En solo cuatro décadas, nuestro país ha pasado de tener una economía de base agraria, débil y mal conectada con el resto del mundo, a tener una economía moderna y competitiva, con una tasa de apertura comercial superior a las de los países de nuestro entorno más cercano, y una pléyade de empresas líderes en sectores como el turismo, la construcción, el transporte, las energías renovables, la agroalimentación, la banca o la moda. *Vid.* Oficina de Prospectiva y Estrategia, *España 2050. Fundamentos y propuestas para una Estrategia Nacional de Largo Plazo*, Madrid, 2021, p. 35.

34 Hablar de las actividades comerciales en el medio rural español es hablar del dinamismo territorial que ha caracterizado a este espacio en las últimas décadas, pues al igual que este, el comercio rural ha experimentado toda una serie de transformaciones socioeconómicas que han terminado por reconfigurarlo en profundidad. *Vid.* Escribano Pizarro, J., Esparcia Pérez, J. y Serrano Lara, J. J., «El comercio en los espacios rurales valencianos: caracterización, funciones, problemáticas y estrategias de actuación, en *Cuadernos geográficos*, vol. 54, núm. 1, 2015, p. 88.

35 El Sistema Agroalimentario, entendido como el conjunto de actividades económicas, o fases, que permiten poner a disposición de los consumidores los alimentos producidos por el sector agrícola-ganadero, así como los transformados por la industria agroalimentaria, generó un Valor Añadido Bruto (VAB) de 107.719 millones de euros en 2018. Esta cifra representa el 9,9 % del VAB total de la economía española, o lo que es lo mismo, el 8,9 % del Producto Interior Bruto (PIB). *Vid.* Ministerio de Agricultura, Pesca y Alimentación, *Agrinfo n.º 30. Contribución del Sistema Agroalimentario a la Economía Española*, Madrid, 2020, p. 1.
El sector productor se caracteriza por un alto nivel de atomización; la industria agroalimentaria está conformada, en su mayor parte, por pequeñas y medianas empresas que

que complementa y potencia el sector primario, generando sinergias que aumentan la productividad y la renta rural[36].

Sin embargo, en la actualidad este importante recurso económico muestra una elevada tasa de vulnerabilidad, debido a factores relacionados con la cadena alimentaria[37], la rigidez de la demanda, la estacionalidad en el mercado o la heterogeneidad y asimetría en sus características internas. Igualmente, la actividad agraria afronta costes de producción crecientes, relacionados principalmente con los insumos, en particular los energéticos y los que responden a las exigencias en la producción, y una caída de los precios percibidos por las y los agricultores y ganaderos. Además, se enfrenta a importantes cambios en los hábitos y patrones de consumo y al envejecimiento de las personas que trabajan, en su mayoría por cuenta propia en estas actividades, con una incorporación muy reducida de jóvenes[38] y un escaso acceso a la titularidad de las mujeres[39].

---

conviven con grandes grupos industriales y el sector de la distribución que se encuentra estructurado en dos tipos de canales, el de venta mayorista, caracterizado por un alto nivel de concentración de la oferta y el comercio especializado más disperso. De conformidad con el GOBIERNO DE ESPAÑA, PERTE Agroalimentario, Madrid, 2022, p. 5; el sistema agroalimentario español está conformado por 1 millón de explotaciones agrarias que dan empleo a más de 2 millones de personas y que proporcionan alimento a más de 47 millones de habitantes, siendo la octava potencia agroalimentaria mundial

36 *Vid. Op. cit.* CONSEJO ECONÓMICO Y SOCIAL, *Informe sobre el…*, p. 148.

37 La noción jurídica «cadena alimentaria» ofrece una respuesta integradora a la regulación jurídica de la agricultura y la alimentación en general, permitiendo una vertebración dogmática de campos del conocimiento jurídico tradicionalmente cercanos, pero hasta ahora no integrados. *Vid.* PALMA FERNÁNDEZ, J. L., «La noción «cadena alimentaria» como concepto jurídico integrador de la actividad agroalimentaria», en *Diario La Ley*, núm. 8548, 2015, p. 1.

38 Conscientes de esta preocupante realidad, cada vez son más las Administraciones públicas que apuestan por la articulación de iniciativas que permitan potenciar el atractivo de las áreas rurales para los más jóvenes. Una clara manifestación de esta tendencia la constituye el Plan de Agricultura y Ganadería Joven de la Junta de Castilla y León 2021-2023, proyecto aprobado recientemente con una dotación presupuestaria de 300 millones de euros que persigue promover el acceso y la consolidación de la empresa agraria; el asociacionismo y la igualdad; la formación y el asesoramiento; la digitalización y la innovación; y por último, la apuesta por mejorar la imagen del sector a través de información y la sensibilización. *Vid.* JUNTA DE CASTILLA Y LEÓN, *Plan Agricultura y Ganadería Joven*, Valladolid, 2021, p. 64.
De igual forma, otras autonomías han apostado por la articulación de convocatorias y programas de subvenciones destinados a la incorporación de jóvenes a la agricultura y a la modernización de las explotaciones agroganaderas, como ocurre en el caso concreto del Gobierno de Aragón (Orden AGM/822/2021, de 2 de julio, por la que se realiza convocatoria extraordinaria de subvenciones en materia de modernización de las explotaciones agrarias, en el marco del Programa de Desarrollo Rural para Aragón 2014-2020, para el año 2021).

39 *Vid.* CONSEJO ECONÓMICO Y SOCIAL, *Informe sobre un medio rural vivo y sostenible*, Madrid, 2021, p. 33.
Acerca del papel que desempeñan las mujeres rurales en la búsqueda del ansiado desarrollo rural sostenible, y el protagonismo que estas desempeñan en el sector agrario, resulta de consulta obligada la obra de GONZÁLEZ BUSTOS, M. A., *Mujer y desarrollo sostenible en el medio rural*, Barcelona, Atelier, 2020, 170 pp.

Con la finalidad de paliar todas estas debilidades y de blindar el potencial económico que posee el sector agroalimentario, especialmente desde el prisma de la dinamización económica de las áreas rurales y el fomento de la vertebración territorial, son varios los documentos programáticos elaborados por la Administración General del Estado que hacen alusión, de forma directa, al futuro de la industria agroalimentaria, cuyos pasajes más destacados se someten a evaluación inmediatamente a continuación.

3.1. Análisis de las previsiones contempladas en materia agroalimentaria en la celebérrima Estrategia Nacional frente al Reto Demográfico

Cinco años no son pocos desde luego para hacer una valoración de los diferentes hitos encargados de conformar la política pública de reto demográfico y cohesión territorial. En efecto, desde que el Boletín Oficial del Estado recogiera la publicación del Real Decreto 40/2017, de 27 de enero, por el que se crea el Comisionado del Gobierno frente al Reto Demográfico[40] y se regula su régimen de funcionamiento, el cual pese a experimentar una primera fase de parálisis e inacción institucional supuso después un verdadero aldabonazo para visibilizar los desequilibrios territoriales y el abandono al que los poderes públicos habían sometido a las comunidades rurales[41], se

40 Su finalidad era proceder a la elaboración y el desarrollo de una estrategia nacional frente al reto demográfico y aquellas tareas que contribuyan a dar respuesta a la problemática del progresivo envejecimiento poblacional, del despoblamiento territorial y de los efectos de la población flotante, como resultado de la Conferencia de Presidentes celebrada con fecha 17 de enero de 2017, encuentro en el que se acordó expresamente impulsar las medidas específicas para hacer frente a los desafíos demográficos, encomendando al Gobierno de la Nación, con la colaboración de las distintas Administraciones Públicas, la elaboración de una estrategia nacional frente al reto demográfico de naturaleza global y transversal, que diseñe una respuesta conjunta y de futuro para paliar la problemática del progresivo envejecimiento poblacional, del despoblamiento territorial y de los efectos de la población flotante.

41 Como recuerda Bello Paredes, S. A., «La despoblación en España: Balance de las políticas públicas implantadas y propuestas de futuro», en *Revista de Estudios de la Administración Local y Autonómica. Nueva época*, núm. 19, 2023, p. 132; «en el año 2015 el Senado aprobó la Ponencia de estudio para la adopción de medidas en relación a la despoblación rural en España, constituida en el seno de la Comisión de Entidades Locales (543/000007)».
Dentro de las recomendaciones adoptadas con el voto unánime de todos los grupos parlamentarios que participaron en dicha ponencia se encuentran: (i) delimitar y diferenciar zonas o territorios escasamente poblados utilizando como criterio identificador aquellos municipios que han perdido población desde el año 1950 y tienen una densidad inferior a 10 habitantes por km^2; (ii) que por las diversas administraciones estatal, autonómica, provincial y local se establezcan las acciones políticas necesarias para garantizar la perma-

han producido un buen número de conquistas y avances jurídico-administrativos que nos acercan a un modelo de desarrollo socio territorial más justo, igualitario y cohesionado[42].

Ciertamente, en los últimos tiempos las diferentes Administraciones públicas han destinado innumerables esfuerzos a impulsar diferentes instrumentos de planificación de distinto rango y alcance, ya sea en forma de agendas, directrices, estrategias, informes o planes, con el propósito de articular una respuesta orquestada para hacer frente al reto demográfico y territorial en

---

nencia de la población en el mundo rural y especialmente de la mujer joven en estos municipios como eje vertebrador y de desarrollo demográfico en el medio rural buscando la conciliación familiar, laboral y social; (iii) conseguir para estos municipios el mayor reparto posible tanto de fondos económicos de la Administración del Estado como de la Unión Europea utilizando parámetros discriminatorios positivos que le permitan el incremento de estas ayudas en relación a los núcleos con mayor número de población; (iv) adoptar cuantas disposiciones sean necesarias para conseguir la mayor coordinación entre todas las Administraciones públicas implicadas en el mundo rural para aunar esfuerzos, acceder a los diversos programas de los fondos europeos (Plan 2014-2020 de la UE), su aplicación con la metodología LEADER y se establezcan medidas que impliquen discriminación legal positiva para generar empleo y actividad económica en el mundo rural; (v) que las Administraciones públicas asuman el compromiso de ofrecer a los habitantes de estas poblaciones los servicios básicos que garanticen su permanencia (salud, educación, ayuda a mayores, alimentación) para que sus habitantes puedan afrontar los problemas que se plantean en los territorios despoblados que son su lugar de residencia; (vi) pedir a las Administraciones local, provincial, autonómica, estatal y europea que adopten las medidas fiscales, sociales y financieras estableciendo los incentivos económicos necesarios que permitan apoyar a los emprendedores y empresas que se quieran asentar de forma permanente en estos medios rurales así como a las personas, profesionales, funcionarios y empresas que estén asentados en estos núcleos rurales y evitar así su despoblación; (vii) mejorar las comunicaciones entre territorios que faciliten el transporte y se cree un sistema transversal y vertebrado de comunicaciones dentro de los territorios rurales; (viii) asegurar las nuevas tecnologías de la información en los centros rurales con pleno acceso a internet y completa cobertura de la telefonía móvil como medio de fijar población; (ix) mantener el empleo y la productividad impulsando los propios recursos naturales de la población, y que permitirán activar el turismo rural, que dinamizará el sector de la hostelería y de casas rurales así como apoyar el emprendimiento ganadero (incentivando la incorporación de nuevos ganaderos), agrario, forestal, medioambiental, agroalimentario de estas zonas rurales y rehabilitación de espacios naturales como generador de recursos; y (x) buscar la mayor coordinación de todas las Administraciones e instituciones implicadas en la lucha contra la despoblación rural con el respeto a su ámbito competencial, apoyando y priorizando inversiones públicas generadoras de empleo en el mundo rural.

42 En palabras de la Federación Española de Municipios y Provincias, cuatro son «las figuras que pueden explicar los desafíos demográficos a los que hay que enfrentarse multidimensional y multisecularmente: la baja densidad; el envejecimiento, la caída de la natalidad y la pérdida continuada de la población. Los datos no hacen más que subrayar la urgencia de poner en marcha decididas políticas de Estado que pasen de las palabras a los hechos, con un riguroso planteamiento de medidas prácticas e incorporando la lucha contra la despoblación como un principio a tener en cuenta en todos los planes y líneas de acción de las administraciones públicas». *Vid. Op. cit.* FEDERACIÓN ESPAÑOLA DE MUNICIPIOS Y PROVINCIAS, *Listado de medidas*..., p. 5.

un claro intento de poner freno a la sangría poblacional y el vaciamiento progresivo que experimentan extensas regiones de la geografía peninsular. Paralelamente, aunque en menor medida, diversos territorios se han lanzado a la promulgación de leyes autonómicas de carácter sectorial proclamadas con idéntico objeto.

En efecto, tras una prolongada y tortuosa travesía, el reto demográfico y territorial ha terminado permeando en la hoja de ruta de los poderes públicos hasta convertirse en un elemento esencial de la acción administrativa con el propósito de paliar la tradicional situación de abandono institucional al que, hasta hace no mucho tiempo, salvo en honrosas excepciones, se había sometido a las comunidades rurales.

Ello ha sido posible, en gran parte, por la enérgica irrupción del componente demográfico y territorial en el seno de la Administración General del Estado[43], hecho que ha propiciado una variación sustancial en el grado de sensibilidad y en la forma de percibir el fenómeno de la ruralidad, convirtiendo a las comunidades rurales en epicentro de una acción institucional coordinada y ordenada sin precedentes conocidos[44]. Así, el Consejo de Ministros aprobó, con fecha 29 de marzo de 2019, un importante Acuerdo sobre las Directrices Generales de la Estrategia Nacional frente al Reto Demográfico, elaboradas por el Comisionado del Gobierno frente al Reto Demográfico, adscrito al Ministerio de Política Territorial y Función Pública.

---

43 Esta transformación radical de la atención de los intereses de las comunidades rurales por parte de los poderes públicos, y especialmente de las Administraciones públicas, se escenifica en la actual composición del Gobierno de España, tal y como se desprende del Real Decreto 1009/2023, de 5 de diciembre, por el que se establece la estructura orgánica básica de los departamentos ministeriales. De conformidad con el art. 12 de la citada norma, el Ministerio para la Transición Ecológica y el Reto Demográfico «se estructura en los siguientes órganos superiores y directivos: A) la Secretaría de Estado de Energía, de la que dependen los siguientes órganos directivos: 1.° la Dirección General de Política Energética y Minas; 2.° la Dirección General de Planificación y Coordinación Energética; B) la Secretaría de Estado de Medio Ambiente, de la que dependen los siguientes órganos directivos: 1.° la Dirección General del Agua; 2.° la Oficina Española del Cambio Climático, con rango de Dirección General; 3.° la Dirección General de Calidad y Evaluación Ambiental; 4.° la Dirección General de la Costa y el Mar; y 5.° la Dirección General de Biodiversidad, Bosques y Desertificación; C) la Secretaría General para el Reto Demográfico, de la que depende la Dirección General de Políticas contra la Despoblación; D) la Subsecretaría para la Transición Ecológica y el Reto Demográfico, de la que dependerán los siguientes órganos directivos: 1.° la Secretaría General Técnica; y 2.° la Dirección General de Servicios; E) el Comisionado para las Energías Renovables, Hidrógeno y Almacenamiento, con rango de Subsecretaría; F) el Comisionado del Ciclo del Agua y Restauración de Ecosistemas, con rango de Subsecretaría; y G) el Comisionado para la Economía Circular, con rango de Subsecratraría».

44 Pese a la existencia de meritorios precedentes, tales como la adopción de la Ley 25/1982, de 30 de junio, de agricultura de montaña o la celebérrima y vigente Ley 45/2007, de 13 de diciembre, para el desarrollo sostenible del medio rural, hasta la fecha la Administración General del Estado no había procedido a delimitar los contornos de una política propia de reto demográfico y territorial.

Dichas directrices plantean una Estrategia de carácter global y transversal, desde una perspectiva multidisciplinar y con la participación de todos los departamentos a través del trabajo de un grupo interministerial, incorporando la perspectiva demográfica en el análisis de las diferentes actuaciones sectoriales. Las directrices centran la Estrategia en las tres cuestiones demográficas acordadas en la IV Conferencia de Presidentes[45]: (i) despoblación; (ii) envejecimiento; y (iii) efectos de la población flotante. Asimismo, recoge un diagnóstico de las principales variables de población en España, presentado previamente a las Comunidades Autónomas.

De esta forma, todos los ministerios incorporan a las Directrices de la Estrategia más de 80 medidas, referidas a jóvenes, mujeres, atención a la población rural, emprendedores, turismo, implantación de la Administración en el territorio o actividad económica, las cuales se agrupan en torno a siete objetivos transversales:

a) Garantizar una plena conectividad territorial, con una adecuada cobertura de internet de banda ancha y de telefonía móvil en todo el territorio, de acuerdo con la Agenda Digital Europea 2020;

b) Asegurar una apropiada prestación de servicios básicos a toda la población en condiciones de equidad, adaptada a las características de cada territorio;

c) Incorporar el impacto y la perspectiva demográfica en la elaboración de leyes, planes y programas de inversión, favoreciendo la redistribución territorial en favor de una mayor cohesión social;

d) Avanzar en la simplificación normativa y administrativa para los pequeños municipios, con el fin de facilitar la gestión de los ayuntamientos;

e) Eliminar los estereotipos y poner en valor la imagen y la reputación de los territorios más afectados por los riesgos demográficos;

---

45 A este respecto, conviene recordar que el Presidente del Gobierno y los Presidentes de Comunidades Autónomas y Ciudades con Estatuto de Autonomía, convinieron en la VI Conferencia de Presidentes, celebrada el 17 de enero de 2017, afrontar los cambios demográficos que afectan a España, y, de forma concreta, acordaron las siguientes cuestiones: (i) impulsar medidas específicas para hacer frente a los desafíos demográficos; (ii) elaborar y desarrollar, por parte del Gobierno de España, y contando con la colaboración de las Comunidades Autónomas, las Ciudades con Estatuto de Autonomía y las Entidades Locales, una Estrategia Nacional frente al Reto Demográfico, de naturaleza global y transversal, que diseñe una respuesta conjunta y de futuro para paliar la problemática del progresivo envejecimiento poblacional, del despoblamiento territorial y de los efectos de la población flotante; y (iii) defender ante las autoridades de la Unión Europea la necesidad de que las políticas de la Unión tengan en cuenta y den respuesta a los desafíos demográficos, que en la mayoría de los aspectos son comunes a todos los Estados miembros, entre otras importantes cuestiones.

f) Mejorar los mecanismos para una mayor colaboración público-privada, potenciando la incorporación de los factores demográficos en la responsabilidad social del sector privado, para convertir todos los territorios, sin exclusiones, en escenarios de oportunidades; y

g) Alinear las líneas de acción y los propósitos de la Estrategia con el cumplimiento de los Objetivos de Desarrollo Sostenible y de la Agenda 2030.

En lo que respecta a las líneas de acción prioritarias[46], las Directrices contemplan, en primer término, un conjunto de actuaciones orientadas a afrontar la despoblación de las áreas rurales, entre las que se encuentran garantizar la funcionalidad de los territorios afectados por la despoblación y la baja densidad; mejorar la competitividad y facilitar el desarrollo de nuevas actividades económicas y el fomento del emprendimiento; así como a favorecer el asentamiento y la fijación de población en el medio rural[47].

En segundo lugar, las Directrices Generales de la Estrategia Nacional frente al Reto Demográfico esbozan una serie de iniciativas prioritarias con las que se pretende dar respuesta al reto demográfico y afrontar los desequilibrios de la pirámide poblacional[48]. En este sentido, se apuesta por:

a) Fortalecer la coordinación de las acciones referidas a personas mayores, envejecimiento activo y atención a la dependencia en todo el territorio;

b) Apoyar el impulso de proyectos de desarrollo socioeconómico de jóvenes, que garanticen el relevo intergeneracional;

c) Facilitar el desarrollo de proyectos que garanticen la libertad de residencia efectiva de las mujeres en el territorio;

d) Garantizar las condiciones que favorezcan la crianza de hijas e hijos, y que faciliten la equiparación de la tasa de natalidad al promedio de la Unión Europea;

e) Asegurar la igualdad de oportunidades y la no discriminación de la infancia por ámbito de residencia;

f) Trabajar, en coordinación con la Unión Europea, para canalizar una migración regular y ordenada, y su arraigo en todo el territorio; y

---

46 *Vid. Op. cit.* DOMÍNGUEZ ÁLVAREZ, J. L., *Comunidades discriminadas y...*, pp. 70-73.

47 *Vid.* MINISTERIO DE POLÍTICA TERRITORIAL Y FUNCIÓN PÚBLICA, *Directrices Generales de la Estrategia Nacional frente al Reto Demográfico*, Madrid, 2019, pp. 38-41.

48 El diagnóstico general no es suficiente cuando se pretende abordar un problema de semejante dimensión histórica, por ello es preciso delimitar la intensidad del fenómeno en las distintas provincias y territorios afectados, para calibrar mejor su posición actual y ajustar el tipo de políticas que deban llevarse a cabo. *Cfr.* BANDRÉS, E. y AZÓN, V., *La despoblación de la España Interior*, Funcas, Madrid, 2021, 41 pp.

g) Facilitar la vuelta de los españoles residentes en el exterior que deseen regresar a España.

De igual forma, las directrices generales destinan buena parte de sus esfuerzos a gestionar los efectos que la población flotante[49] posee en los territorios rurales, orientando la actuación de los poderes públicos hacia la prestación efectiva de servicios básicos para la población residente y flotante en todo el territorio, asegurando en todo momento el correcto dimensionamiento de las infraestructuras y equipamientos necesarios para el desarrollo socioeconómico sostenible de las áreas con intensos flujos de población flotante.

Con todo ello, las Directrices han permitido afrontar las distintas dimensiones del reto demográfico y territorial, sentando las bases de una auténtica Política de Estado en la materia, mediante la inclusión de la cuestión rural de forma transversal en la acción de gobierno, el fomento del compromiso y la acción coordinada de todas las Administraciones públicas y el fortalecimiento de la colaboración pública privada. Todo ello con el firme propósito de diseñar soluciones innovadoras tendentes a avanzar en la transformación estructural del país, garantizar la igualdad de oportunidades y la cohesión social y territorial, para todas las personas, independientemente de su lugar de residencia[50].

Asimismo, las Directrices Generales de la Estrategia Nacional frente al Reto Demográfico también tienen una serie de importantes implicaciones decisivas para la materia objeto de estudio, en la medida en que estas Directrices configuran entre sus metas prioritarios impulsar la digitalización de los sectores agroalimentario, forestal y turístico, en una primera fase, así como la creación de nuevos modelos innovadores de actividad económica.

Para ello, la Administración General del Estado prevé fomentar la ejecución de la Estrategia para la digitalización del sector agroalimentario, forestal y del medio rural desarrollada por el Ministerio de Agricultura, Pesca y Alimentación, con la finalidad de facilitar la adaptación digital de estos sectores[51], y de promover la conversión de las zonas escasamente pobladas en territorios rurales inteligentes, vivos, dinámicos y poblados. A tal fin se ha consignado,

49 Durante demasiado tiempo la población flotante y el efecto que esta ocasionaba sobre la exigua actividad prestacional que el conjunto de las Administraciones públicas desplegaba en las áreas rurales ha pasado desapercibida, pese a constituir una de las características más destacables del paisaje de la España vaciada. *Cfr.* BELLO PAREDES, S. A., «Castilla y León vacía (vaciada): esperando a Ulises», en *Revista de Estudios de la Administración Local y Autonómica. Nueva época*, 13, 2020, p. 112.

50 *Vid. Op. cit.* DOMÍNGUEZ ÁLVAREZ, J. L., «Hacia el diseño...», pp. 115 y ss.

51 *Vid.* MINISTERIO DE AGRICULTURA, PESCA Y ALIMENTACIÓN, *Estrategia de digitalización del sector agroalimentario y forestal y del medio rural*, Madrid, 2019, 103 pp.

dentro del Programa Nacional de Desarrollo Rural[52] (2014-2020) una partida presupuestaria que asciende a la cuantía de 57 millones de euros.

Estos compromisos se han visto reforzados con la adopción del Plan de Recuperación frente al Reto Demográfico «Pueblos con futuro»[53], adoptado con fecha 16 de marzo de 2021 por la Comisión Delegada para el Reto Demográfico, como instrumento de planificación mediante el cual se pretenden impulsar 130 políticas activas para luchar contra la despoblación, agrupadas en 10 grandes ejes, que supondrán una inversión de 10.000 millones de euros con la finalidad de reforzar el compromiso de las Administraciones públicas con la necesaria garantía de la cohesión territorial y social. Entre esta batería de actuaciones figuran numerosas referencias a la industria agroalimentaria, tales como la ejecución de los planes de acción de la estrategia de digitalización del sector agroalimentario, forestal y del medio rural; la puesta en marcha de préstamos participativos para la creación y el crecimiento de las PYMES del sector agroalimentario; el impulso de proyectos piloto de inserción laboral a través de cooperativas y empresas de inserción en la industria agroalimentaria, etc.

3.2. La transformación ambiental y digital del sector agroalimentario y su reflejo en el Plan de Recuperación, Transformación y Resiliencia «España puede»

3.2.1. Primer periodo de programación de inversiones

Se cumplen tres años desde la puesta en marcha efectiva del Instrumento de Recuperación de la Unión Europea 2021-2027[54] con la finalidad de pro-

52 De acuerdo con la política de desarrollo rural 2014-2020 de la Unión Europea, y conforme al marco competencial nacional, en España coexisten 18 PDR: el Programa Nacional de Desarrollo Rural (PNDR) y 17 Programas de Desarrollo Rural autonómicos (PDRs). Así, el PNDR 2014-2020 especifica las medidas (y submedidas) a llevar a cabo para cumplir con las prioridades establecidas por la política europea de desarrollo rural, entre las cuales destacan las siguientes: servicios de asesoramiento, gestión y sustitución de explotaciones agrarias; agroambiente y clima; agricultura ecológica; zonas con limitaciones naturales y otras limitaciones específicas; medidas forestales; inversiones de mejora de las explotaciones agrarias; infraestructuras públicas de regadío; transformación y comercialización de productos agrarios; instalación de jóvenes agricultores, etc. *Vid.* DOMÍNGUEZ ÁLVAREZ, J. L., «La importancia del municipalismo para la consecución del nuevo resurgir de la ruralidad: la disyuntiva entre devolver el alma a los pueblos o abandonar el territorio», en *Revista Jurídica de Castilla y León*, núm. 53, 2021, p. 89.

53 *Vid.* MINISTERIO PARA LA TRANSICIÓN ECOLÓGICA Y EL RETO DEMOGRÁFICO, *Plan de recuperación. 130 medidas frente al Reto Demográfico*, Madrid, 2021, p. 76.

54 *Vid.* TAPIA HERMIDA, A. J., «El plan de inversión que cambiará Europa y España en el

mover un conjunto de importantes transformaciones para hacer frente a las consecuencias económicas adversas de la crisis de la COVID-19, mediante el fomento de un conglomerado de medidas dirigidas especialmente a restablecer el empleo y la creación de puestos de trabajo; revitalizar el potencial del crecimiento sostenible; garantizar la continuidad de la actividad productiva de las pequeñas y medianas empresas; fomentar la investigación y la innovación; aumentar el nivel de preparación de la Unión frente a situaciones de crisis; garantizar una transición justa hacia una economía neutra, desde el punto de vista climático, o hacer frente al impacto de la crisis de la COVID-19 en la agricultura y el desarrollo rural[55].

En lo que respecta a las cifras macroeconómicas, los fondos del programa Next Generation EU (NGEU)[56] se añaden a los 1.074.300 millones de euros del marco financiero plurianual (MFP) para crear un paquete conjunto de apoyo que asciende a un montante total de 1.824.300 millones de euros. Conforme a la información facilitada por las Instituciones comunitarias, el programa NGEU se canalizará por medio de la articulación de siete programas de gasto, los cuales revestirán tanto en forma de préstamos (360.000 millones) como la de subvenciones (390.000 millones)[57]. El elemento de mayor cuantía del NGEU es el Mecanismo de Recuperación y Resiliencia (MRR), que representa cerca del 90 % del importe total.

Tras el boceto de las líneas estratégicas iniciales de este ambicioso plan de reactivación y recuperación socioeconómica por parte de las Instituciones europeas, los diferentes Estados miembros acometieron una serie de importantes actuaciones orientadas a la elaboración de los planes nacionales de recuperación y resiliencia en los que se consignan los programas de refor-

próximo sexenio: el instrumento de recuperación de la Unión Europea y el Plan de Recuperación, Transformación y Resiliencia de España», en *La Ley Unión Europea*, núm. 88, 2021, pp. 1 y ss.

55 Esta idea se desprende con clarividencia del art. 1.2 Reglamento (UE) 2020/2094 del Consejo de 14 de diciembre de 2020 por el que se establece un Instrumento de Recuperación de la Unión Europea para apoyar la recuperación tras la crisis de la COVID-19, publicado en el DOUE núm. 433, de 22 de diciembre de 2020.

56 Acerca de la gestión de los Fondos Next Generation, vid. CAMPOS ACUÑA, C. (Dir.), *La gestión de los Fondos Next Generation. Claves de la revolución administrativa*, Wolters Kluwer, Madrid, 2021, 740 pp.; RIVERO ORTEGA, R. (Dir.), *Modernización de la Administración Pública para la ejecución del Plan de Recuperación, Transformación y Resiliencia. Comentarios de urgencia al Real Decreto-Ley 36/2020, de 30 de diciembre*, Ratio Legis, Salamanca, 2021, 180 pp., RASTROLLO SUÁREZ, J. J. (Dir.), *Guía para la planificación, gestión y ejecución de los fondos del Plan para la Recuperación, Transformación y Resiliencia*, Thomson Reuters-Aranzadi, Cizur Menor, 2021, 256 pp., etc.

57 *Vid.* BANDRÉS MOLINÉ, E.; GADEA, L.; SALAS FUMÁS, V. y SAURAS, Y., «España y el Plan Europeo de Recuperación», en *Cuadernos de Información Económica*, núm. 277, 2020, pp. 9-23.

mas estructurales y proyectos de inversión para el período 2021-2023[58] que cada Estado miembro contempla[59].

En este contexto, el Gobierno de España presentó con fecha 7 de octubre de 2020 el Plan de Recuperación, Transformación y Resiliencia «España Puede»[60], el cual se sustenta en cuatro ejes prioritarios, como son: (i) la transición ecológica[61]; (ii) la transformación digital; (iii) la promoción de la igualdad de género; y (iv) el fomento de la cohesión social y territorial [62]. Para ello, el Plan contiene 212 inversiones y reformas divididas en diez grandes políticas «palanca o tractoras»[63] de reforma estructural, alineadas con las prioridades

---

58 Los compromisos deben contraerse antes de finales de 2023 y los pagos deben realizarse antes de finales de 2026.

59 Acto seguido la Comisión Europea procedió a la evaluación de estos planes sobre la base de un conjunto de criterios, entre los cuales destacan: la coherencia con las recomendaciones específicas por país del Semestre Europeo; el refuerzo del potencial de crecimiento, la creación de empleo y la resiliencia económica y social del Estado miembro; y su contribución efectiva a la transición ecológica y digital. *Vid.* CONDE-RUIZ, J. I. (Coord.), *Grupo de trabajo sobre actuaciones para la reconstrucción del entorno productivo en el contexto del Next Generation EU Program y del Marco Financiero Plurianual de la UE*, Universidad Complutense de Madrid, Madrid, 2020, 13 pp.

60 El 16 de junio de 2021, la Comisión Europea procedió a la aprobación del Plan de Recuperación, Transformación y Resiliencia presentado por España, el cual representa un montante total de 69.500 millones de euros en transferencias directas, que se podrán ampliar hasta más de 140.000 en créditos, si fuera necesario, hasta 2026. De conformidad con el informe emitido por la Comisión Europea, España ha establecido una estructura adecuada para implementar el Plan y garantizar su seguimiento eficaz. En conjunto, el texto estima que el sistema de control del Plan es adecuado para detectar y corregir la corrupción, el fraude o el conflicto de intereses.

61 A este respecto, conviene señalar que el Plan de Recuperación, Transformación y Resiliencia «España Puede» no solamente se inspira y elabora sobre la base de la Agenda 2030 para el Desarrollo Sostenible de Naciones Unidas, sino que además contempla entre sus líneas directrices un apartado específico bajo la nomenclatura «España verde», con la finalidad de mitigar los enormes costes sociales y económicos, tanto para las economías domésticas como para empresas y presupuestos públicos (riesgos sanitarios y geoestratégicos) derivados de la crisis ambiental asociada al cambio climático y la pérdida de biodiversidad.

62 Estos ejes se concretarán en varios objetivos como, por ejemplo: digitalización de más de un millón de pymes, formación de más de 2,6 millones de personas en competencias digitales, extensión de la banda ancha al 100 % de la población, despliegue eficaz del 5G, impulso de 165 destinos turísticos sostenibles, rehabilitación de más de un millón de viviendas, alcanzar una flota de 250.000 vehículos eléctricos, despliegue de más de 100.000 puntos de recarga y completar los corredores ferroviarios Atlántico y Mediterráneo.

63 Estas diez políticas palanca son: (i) agenda urbana y rural y lucha contra la despoblación y desarrollo de la agricultura; (ii) infraestructuras y ecosistemas resilientes; (iii) transición energética justa e inclusiva; (iv) una Administración para el siglo XXI; (v) modernización y digitalización del ecosistema de nuestras empresas; (vi) pacto por la ciencia y la innovación y refuerzo del Sistema Nacional de Salud; (vii) educación y conocimiento, formación continua y desarrollo de capacidades; (viii) nueva economía de los cuidados y políticas de empleo; (ix) impulso de la industria de la cultura y el deporte; y (x) modernización del sistema fiscal para un crecimiento inclusivo y sostenible.

generales del NGEU, con la finalidad de incidir directamente en aquellos sectores productivos con mayor capacidad de transformación del tejido económico y social español[64], entre los que se encuentra, como no podía ser de otra forma, el sector agroalimentario.

Grupo 1. Políticas tractoras del Plan de Recuperación, Transformación y Resiliencia

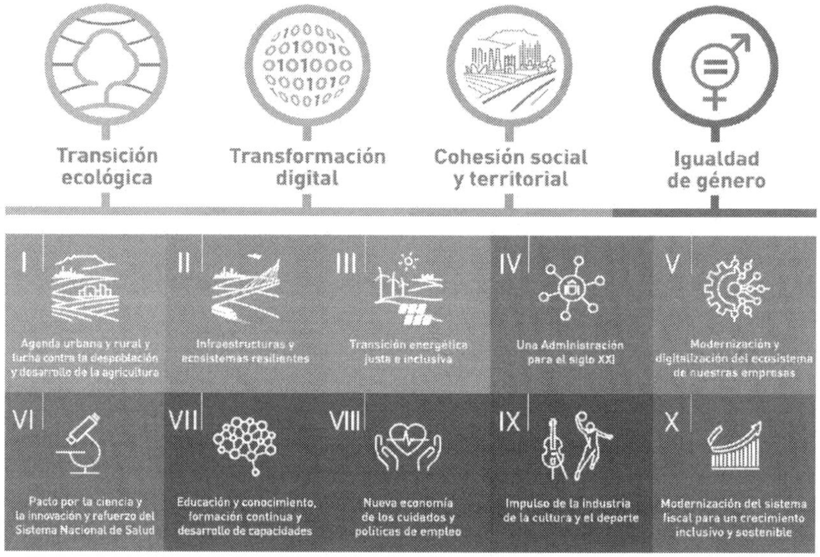

Fuente: Gobierno de España

Dentro de estas diez grandes políticas tractoras destaca, en primer término, el impulso de la vertebración y la cohesión territorial, bajo la etiqueta «Agenda urbana y rural, lucha contra la despoblación y desarrollo de la agricultura[65]», la cual incorpora un conglomerado de medidas específicas para los territorios rurales con desafíos demográficos, con la finalidad de impulsar la innovación social y territorial y facilitar el desarrollo de nuevos proyectos

64 Del Plan de Recuperación, Transformación y Resiliencia «España Puede» presentado por el Gobierno de España se desprende con claridad la necesidad de articular una respuesta que refuerce la cohesión económica, social y territorial, que resulte en una sociedad más justa, más solidaria y resiliente mediante el refuerzo del estado de bienestar, el sistema educativo, el impulso del empleo de calidad, un sistema fiscal justo, el cierre de brechas sociales y territoriales, el desarrollo del medio rural y la justicia intergeneracional.

65 Representa una inversión de 14.407 millones de euros, o lo que es lo mismo, el 20,7 % de los fondos gestionados a través del Plan de Recuperación, Transformación y Resiliencia «España Puede». *Vid.* PRESIDENCIA DEL GOBIERNO, *Plan de Recuperación, Transformación y Resiliencia «España puede»*, Madrid, 2020, p. 118.

profesionales, la fijación de población, la atracción de talento, la prestación de servicios, así como un uso sostenible de nuestros recursos[66].

De igual forma, dentro de esta primera política palanca se promueven un conjunto de actuaciones orientadas a potenciar la solidez del sistema agroalimentario, sector que jugó un papel fundamental durante la pandemia, lo que vendrá acompañado, necesariamente, de importantes transformaciones estructurales en el seno del propio sistema agroalimentario[67].

Con la finalidad de alcanzar estos ambiciosos objetivos, el Plan de Recuperación, Transformación y Resiliencia «España puede», establece tres componentes diferenciados que vehicularán las inversiones a implementar en los próximos años, como son:

a) **Plan de choque de movilidad sostenible, segura y conectada en entornos urbanos y metropolitanos**. El objetivo fundamental de este componente es impulsar la descarbonización de la movilidad urbana, la mejora de la calidad del aire y de la calidad de vida en las ciudades.

Para ello, se prevé el despliegue de un plan de choque con medidas dirigidas al propio tejido de la ciudad y a sus infraestructuras, así como a la potenciación y optimización del transporte urbano y metropolitano, sin olvidar el impulso a la electrificación de la movilidad y la mejora de la calidad del aire.

b) **Plan de Rehabilitación de vivienda y regeneración urbana**. Este componente tiene como objetivos principales el impulso a la rehabi-

66 El componente medioambiental es una constante que vehicula la hoja de ruta del Gobierno de España para la modernización de la economía, la recuperación del crecimiento económico y la creación de empleo, iniciativas todas ellas con las que se pretende responder a los retos de la próxima década, y entre los cuales se encuentran, como no podía ser de otra forma, la transformación de los modelos de producción y consumo, la lucha contra el cambio climático a partir de la transición ecológica y la descarbonización, la revolución digital y la innovación, así como la promoción de la salud y el bienestar social, para alcanzar un crecimiento inclusivo, justo y sostenible a largo plazo, en la línea de las previsiones del ambicioso Pacto Verde Europeo. En torno a este último instrumento, más ampliamente vid. Fernández De Gatta Sánchez, D., «El ambicioso Pacto Verde Europeo», en *Actualidad Jurídica Ambiental*, núm. 101, 2020, pp. 78-109.

67 En este sentido, algunos autores señalan que «la era pos-pandemia incidirá estructuralmente en la evolución del sistema alimentario en curso desde muy diversos ángulos: en la demanda, al reforzar el aislacionismo social urbano e impulsar determinadas tendencias de consumo; en la oferta, al confirmar la seguridad alimentaria como bien público, revalorizar el papel estratégico del sistema agroalimentario, y enfatizar la resiliencia empresarial frente a los shocks; en la sostenibilidad, al convertir la transición energética y la economía verde como ejes de la reconstrucción económica); y, en fin, a nivel tecnológico, fomentando la expansión de la inversión en I+D+1 y la aceleración de la economía digital». *Vid.* Massot Martí, A., «Hacia la PAC a 27: la Comunicación de la Comisión de noviembre de 2017 y su contexto», en *Revista Española de Estudios Agrosociales y Pesqueros*, núm. 250, 2021, p. 66.

litación del parque edificado en España[68], en línea con la *Renovation Wave europea*[69], así como el incremento del parque de vivienda en alquiler social en edificios energéticamente eficientes, contribuyendo a la activación de este sector y a la generación de empleo y actividad en el corto plazo.

Para ello, se implementará la Agenda Urbana Española, potenciando la vivienda en alquiler social e impulsando la actividad de rehabilitación y regeneración urbana como pieza clave en la reactivación del sector de la construcción e inmobiliario, lo que permitirá avanzar en el cumplimiento de los compromisos europeos y nacionales en materia de energía y clima, y de digitalización[70].

c) **Transformación ambiental y digital del sistema agroalimentario y pesquero**. Consciente de que los sectores agroalimentario y pesquero juegan un papel fundamental en la gestión eficiente de los recursos naturales[71], en línea y como complemento de la nueva Política Agrícola

68 Como objetivo específico busca conseguir unas tasas de rehabilitación energética significativamente superiores a las actuales que permitan adelantar el cumplimiento de los objetivos de rehabilitación contemplados en el Plan Nacional Integrado de Energía y Clima (PNIEC) y en la Estrategia a largo plazo para la rehabilitación energética en el sector de la edificación en España (ERESEE). *Vid. Op. cit.* PRESIDENCIA DEL GOBIERNO, *Plan de Recuperación...*, p. 145.

69 En 2020 la Comisión Europea publicó una nueva estrategia para impulsar la renovación urbana denominada «A Renovation Wave for Europe *—Greening our buildings—, creating jobs, improving lives»*. Esta estrategia tiene como objetivo duplicar las tasas anuales de renovación energética durante los 10 próximos años. Además de reducir las emisiones, estas renovaciones mejorarán la calidad de vida de las personas y contribuirán a crear multitud de empleos verdes adicionales en el sector de la construcción al señalar lo siguiente: «[i]nvertir en edificios puede insuflar también un estímulo muy necesario en el ecosistema de la construcción y en el conjunto de la economía. Las obras de renovación requieren mucha mano de obra, crean empleo e inversiones vinculadas a cadenas de suministro a menudo locales, pueden generar demanda de equipos altamente eficientes desde el punto de vista energético y de los recursos, y aportan valor a largo plazo a las propiedades. Para el año 2030 podrían crearse en el sector de la construcción de la Unión 160.000 empleos verdes gracias a una oleada de renovación». *Vid.* COMISIÓN EUROPEA, *Oleada de renovación para Europa: ecologizar nuestros edificios, crear empleo y mejorar vidas*, Bruselas, 2020, p. 2 [COM/2020/662 final].

70 De forma adicional, se incluye un paquete dirigido específicamente a actuaciones en municipios y núcleos de menos de 5.000 habitantes, contribuyendo a abordar el Reto Demográfico desde la regeneración urbana y rural.

71 Como insisten en subrayar precursores muy destacados, «la agricultura, la pesca y la ganadería, así como la actividad de obtención de alimentos, han sido desde siempre grandes aliadas del medio ambiente, contribuyendo, además de alimentar a las personas y a los animales, a crear una gran diversidad de paisajes, al mantenimiento de un buen número de especies naturales y a proteger unos ecosistemas variados y valiosos». *Vid.* FERNÁNDEZ DE GATTA SÁNCHEZ, D., «El régimen de la Unión Europea sobre la incidencia ambiental en el sector alimenticio y la seguridad alimentaria», en *Diario La Ley*, núm. 9889, 2021, p. 2.

Común[72] (PAC), el Plan prevé un conjunto de reformas para mejorar la gestión de regadíos, de la ganadería y la revalorización de los suelos agrícolas[73], impulsando la digitalización[74] y las cadenas de valor verdes a lo largo de todo el ciclo de producción, distribución, consumo y reutilización. Asimismo, en línea con la nueva política europea de pesca, se prevé el desarrollo de la economía azul y reformas tendentes a la explotación sostenible de los caladeros, la protección de la biodiversidad y de la riqueza de las zonas marinas[75].

Para ello, el Plan además de contemplar una serie de importantes inversiones que ascienden a un montante económico total superior a los 1.051 millones de euros, prevé una conjunto de importantes reformas jurídico-administrativas, entre las que se encuentran la modificación de la normativa reguladora[76] de las relaciones comerciales en

72 El proceso de elaboración de la nueva programación de la Política Agrícola Común ha sido objeto de multitud de estudios y análisis, entre los que destacan Massot Martí, A., «La PAC y la lucha contra el cambio climático», en *Cuadernos de Derecho para Ingenieros*, núm. 51, 2019, pp. 187-221; Massot Martí, A., «Globalización, transiciones climática y digital y crisis pandémica en los sistemas agroalimentarios: implicaciones para las políticas públicas», en *Revista Española de Estudios Agrosociales y Pesqueros*, núm. 257, 2021, pp. 61-130; Rodríguez-Chaves Mimbrero, B., «Hacia un salto disruptivo verde: El potencial de los montes ante el Green new deal y la nueva PAC 2021-2027», en *Revista Aranzadi de Derecho Ambiental*, núm. 47, 2020, pp. 23-69; Rodríguez-Chaves Mimbrero, B., «Periodo 2021-2027 post COVID (nuevo pacto verde, "Next Generation EU y la nueva PAC"): ¿hacia una "nueva ruralidad" en Europa y en España?», en *Revista de Derecho Urbanístico y Medio Ambiente*, vol. 54, núm. 341, 2020, pp. 135-192, etc.

73 La preocupación por aunar la potenciación del sistema agroalimentario y la maximización de los estándares de protección ambiental no es novedosa como pone de relieve Delgado De Miguel, J. F., *Derecho Agrario Ambiental, Propiedad y Ecología*, Aranzadi, Pamplona, 1992, 648 pp.

74 Esta cuestión aparece de forma recurrente como objetivo compartido en diversos documentos programáticos de la Administración General del Estado, como pueden ser la Estrategia para la Digitalización del Sector Agroalimentario y Forestal y del Medio Rural o el Plan España Digital 2025. Especial interés reviste este último documento, el cual aboga abiertamente por la digitalización del sector primario y la industria agroalimentaria española, apostando por el refuerzo de la seguridad y trazabilidad alimentaria, la información al consumidor, y la adopción de modelos más productivos y sostenibles.
Para ello, la Administración General del Estado prevé impulsar un proyecto tractor en el sector agroalimentario que contemplará, entre otras actuaciones, la producción con foco en eficiencia productiva y logística, la mejora de la relación con el cliente y el impulso de una Industria Transformadora 4.0. Asimismo, se apostará por mejorar la trazabilidad, la seguridad alimentaria y la calidad e información al consumidor, así como la medición y el control de impactos ambientales mediante el uso de la tecnología, la interoperabilidad de los datos, o el fomento del emprendimiento en el territorio. *Vid.* Presidencia del Gobierno, *Plan España Digital 2026*, Madrid, 2020, p. 59.

75 *Vid. Op. cit.* Presidencia del Gobierno, Plan de Recuperación, Transformación..., p. 130.

76 Nos estamos refiriendo, como no podía ser de otra forma, a la Ley 12/2013, de 2 de agosto, de medidas para mejorar el funcionamiento de la cadena alimentaria.

la cadena alimentaria para lograr un mejor equilibrio en el reparto de beneficios entre productores y distribuidores; el desarrollo y revisión del marco regulatorio en materia de sostenibilidad ambiental de la ganadería[77]; la modernización del marco legislativo sobre la nutrición sostenible en los suelos agrícolas o la revisión de la normativa sobre contaminación de origen agrario.

Con todo ello se pretende seguir avanzando en los procesos de transformación y adaptación del sistema agroalimentario, con el firme propósito de dar una respuesta ágil y eficaz a los desafíos e interrogantes que plantea la globalización, de la digitalización y el cambio climático, al tiempo que se mejora la respuesta de una industria vital para las áreas rurales que debe hacer frente a las necesidades de una población cada vez más concienciada con la producción sostenible y la calidad de los alimentos.

No obstante, conviene señalar que fruto de la importancia que posee la vertebración social y territorial del Estado en el nuevo ciclo de programación de políticas públicas[78], las inversiones destinadas a revitalizar la ruralidad no se limitan únicamente a los componentes enunciados con anterioridad, impregnando por consiguiente la totalidad de las palancas tractoras del PNRTR. Para ello, se ha articulado el Plan de Medidas frente al Reto Demográfico «Pueblos con futuro» (PMRD)[79], adoptado el pasado 16 de marzo de 2021 por la Comisión Delegada para el Reto Demográfico, instrumento de planificación mediante el que se pretenden impulsar 130 políticas activas estratégicas para luchar contra la despoblación, agrupadas en 10 grandes ejes[80], que suponen una inversión de 10.000 millones de euros orientada a zonas rurales y pequeños municipios, con la finalidad de reforzar el compromiso de las Administraciones públicas con la necesaria garantía de la cohesión social y territorial, en el marco de la Estrategia Nacional de Reto Demográfico.

77 Reformar que aspira a promover la renovación de los requisitos de ubicación, distancia, tamaño, condiciones sanitarias e infraestructuras de bioseguridad, medioambientales y de bienestar animal en las granjas, principalmente.

78 El Plan contribuye al cuarto pilar del Mecanismo de Recuperación y Resiliencia, la promoción de la cohesión social y territorial, gracias al impacto coherente de todos los componentes a través en particular de la reducción de la brecha digital y la modernización de los instrumentos públicos de redistribución de la renta de los hogares.

79 *Vid. Op. cit.* MINISTERIO PARA LA TRANSICIÓN ECOLÓGICA Y EL RETO DEMOGRÁFICO: *Plan de recuperación…*, p. 76.

80 Estos 10 grandes ejes de actuación se corresponden con: (i) impulso de la transición ecológica; (ii) transición digital y plena conectividad territorial; (iii) desarrollo e innovación en el territorio; (iv) impulso del turismo sostenible; (v) igualdad de derechos y oportunidades de las mujeres y los jóvenes; (vi) fomento del emprendimiento y de la actividad empresarial; (vii) refuerzo de los servicios públicos e impulso de la descentralización; (viii) bienestar social y economía de los cuidados; (ix) promoción de la cultura; y (x) reformas normativas e institucionales para abordar el reto demográfico.

El Plan se orienta hacia un amplio conjunto de objetivos para impulsar la igualdad de oportunidades y la vertebración territorial, mediante la diversificación económica de las zonas más desfavorecidas. Entre estos objetivos destacan: (i) el estímulo de la innovación; (ii) la plena conectividad digital; (iii) el reforzamiento de los vínculos rurales y urbanos; (iv) la puesta en valor del territorio y de sus posibilidades endógenas de crecimiento; (v) la adecuada prestación de los servicios básicos; o (vi) la incorporación de la perspectiva demográfica en el proceso de toma de decisiones del Gobierno.

Con el propósito de alcanzar todos esos ambiciosos objetivos, el PMRD articula un plan de choque sobre equipamientos sociales, un plan de rehabilitación de vivienda y regeneración urbana, un plan de choque para la economía de los cuidados y refuerzo de las políticas de igualdad e inclusión, un pacto por la ciencia y la innovación y el refuerzo a las capacidades del sistema nacional de salud, así como la modernización de las Administraciones públicas[81]. También contempla una serie de importantes previsiones en otras cuestiones capitales para el fomento de la cohesión territorial como son la extensión de la banda ancha ultrarrápida a aquellas zonas que en la actualidad no disponen de ella, el impulso al despliegue de redes 5G o actuaciones de inclusión digital mediante el refuerzo de la formación digital en zonas de declive demográfico[82].

Igualmente, se prevé el impulso de los servicios públicos en el medio rural, como las oficinas municipales de justicia, o la mejora de la seguridad en estas áreas. También se prevé el acercamiento de la Formación Profesional a los núcleos en riesgo de despoblación como parte de la modernización de la Formación Profesional prevista en el Plan, actuaciones de conservación y restauración del patrimonio natural y cultural en áreas con déficit demográfico, un impulso a la gestión forestal sostenible y el despliegue de la bioeconomía, y, finalmente, una Estrategia de Transición Justa. Con ella se busca fomentar el empleo y la creación de actividad en los territorios afectados por la transición energética, para que las personas y las regiones aprovechen al máximo las oportunidades de esta transición.

Adicionalmente, en lo que respecta a la industria agroalimentaria, el Plan 130 medidas frente al Reto Demográfico contiene una serie se inversiones y propuestas tangibles para fortalecer su protagonismo en las economías y comunidades rurales, a saber:

a) Incremento de la presencia de mujeres en los ámbitos de toma de decisiones de las cooperativas agroalimentarias[83].

81 *Vid. Op. cit.* CONSEJO ECONÓMICO Y SOCIAL, *Un medio rural...*, p. 101.

82 Sobre esta cuestión, más ampliamente vid. DOMÍNGUEZ ÁLVAREZ, J. L. y TOMÉ DOMÍNGUEZ, P. M., «La conectividad de los territorios rurales como premisa para el fomento de la dinamización y la sostenibilidad de las áreas con desafíos demográficos: más allá de brechas y promesas», en RODRÍGUEZ ESCANCIANO, S. y ÁLVAREZ CUESTA, H. (Coords.), *La economía social y el desarrollo sostenible*, Colex, A Coruña, 2022, pp. 411-443.

83 Las mujeres, aunque son una pieza clave en las cooperativas agroalimentarias, apenas

b) Creación y crecimiento de pequeñas y medianas empresas de carácter innovador en el sector agroalimentario y en general a los sectores en desarrollo en la España despoblada, favoreciendo así el desarrollo de un modelo económico más competitivo, sostenible y equilibrado territorialmente, alineado plenamente con los objetivos de Desarrollo Sostenible y la Agenda 2030.

c) Fomento de proyectos piloto de inserción laboral en el sector textil y agroalimentario destinado a jóvenes, mujeres y a mujeres jóvenes.

d) Desarrollo de actuaciones para favorecer el relevo generacional de la actividad agraria, a través del apoyo a los jóvenes y a las mujeres rurales.

e) Desarrollo y ejecución de los Planes de Acción de la Estrategia de digitalización del sector agroalimentario, forestal y del medio rural, con el triple objetivo de reducir la brecha digital en estos sectores; fomentar el uso de datos; e impulsar el desarrollo empresarial y nuevos modelos de negocio en el medio rural para facilitar la vida y el emprendimiento en el territorio rural, atrayendo especialmente a jóvenes, mujeres y talento, etc.

Si bien es cierto que habrá que esperar para comprobar con exactitud los efectos que la puesta en marcha de este haz de políticas públicas está generando en la dinamización de las economías locales y en la revitalización de los territorios rurales destinatarios, conviene destacar que ya existen una serie de evidencias tangibles que invitan al optimismo[84]. Ciertamente, los últimos

están representadas en los ámbitos de toma de decisiones de sus cooperativas, en particular en los Consejos Rectores. A día de hoy apenas el 8 % de las personas que forman los Consejos Rectores, son mujeres. Los ejes de actuación se centran por tanto en: (i) acciones de sensibilización, información y formación en las empresas cooperativas del sector agroalimentario y sociedades agrarias de transformación (SATs) para consolidar el proceso de incremento y mejora de la participación de las mujeres en los Consejos Rectores y órganos de decisión de las Cooperativas Agroalimentarias y de las sociedades agrarias de transformación; y (ii) empoderamiento y formación a mujeres, para su capacitación para la gestión empresarial, entre las cooperativistas del sector, de cara a conseguir la participación de más mujeres en los Consejos Rectores y órganos de gestión de las mismas.

84 Otros autores, en cambio, no poseen la misma opinión, para quienes «la estrategia frente a la despoblación del gobierno de España incurre en una serie de errores en su enfoque, eminentemente cuantitativo, sectorial, desde arriba y funcional, al margen de la voluntad de las personas sobre dónde y cómo vivir, que debería ser la clave. Subyace como objetivo principal el incremento de población, imposible. Las medidas son presentadas de forma aluvional, corta y pega de ministerios sin razonar cómo integrarían una estrategia coherente e interdepartamental, con valor añadido. Además, temas relevantes como la vivienda, la movilidad, así como la inmigración y nuevos residentes, son omitidos (...) los objetivos no quedan claros dentro de un enfoque funcional y orgánico de los territorios, muy convencional pero poco relevante. No se repara en las asociaciones e instituciones informales, que activan el capital social rural, ni tampoco las aspiraciones de tipo personal ajenas a la renta y el consumo [...] Las medidas carecen de sentido estratégico, sin marcos de referencia analí-

esfuerzos destinados por la Administración General del Estado no solamente han permitido conformar una auténtica Política de Estado en materia de reto demográfico y territorial, situando la problemática de las comunidades rurales en el centro de la agenda política y gubernamental, sino que además han traído consigo la aplicación de un enfoque transversal, combinando el reto demográfico con una nueva visión a largo plazo de las áreas rurales, lejos del cortoplacismo, la intermitencia y la dispersión que había caracterizado la actuación del poder público para con las áreas rurales hasta la fecha. Así mismo, han permitido visibilizar el potencial económico, medioambiental, patrimonial, etc., que atesoran las comunidades rurales, deconstruyendo perniciosos estereotipos y transformando el imaginario colectivo sobre el fenómeno de la ruralidad.

3.2.2. Segunda fase del Plan de Recuperación, Transformación y Resiliencia «España puede»

Con fecha 2 de octubre de 2023, la Comisión Europea aprobó la segunda fase del Plan de Recuperación, Transformación y Resiliencia «España puede», la cual permitirá movilizar hasta 163.000 millones de euros en el periodo 2021-2026. Por su parte, el 17 de octubre de 2023 el Consejo de Ministros de Finanzas de la Unión Europea (ECOFIN), aprobó el documento de la Adenda española al Plan de Recuperación, Transformación y Resiliencia.

Con la aprobación de la Adenda y, por consiguiente, la puesta en marcha de la segunda fase del Plan de Recuperación se actualiza el calendario de desembolso de fondos económicos procedentes de la Unión Europea, que incluye transferencias adicionales y préstamos, así como los hitos y objetivos asociados, con el fin de mantener el ritmo de inversión en los próximos años[85]. La presente Adenda al Plan se dirige a movilizar los 7.700 millones de

ticos o institucionales que las articulen con cierto sentido, enunciadas en modo declarativo, omitiendo algunos de los retos más relevantes como la vivienda, la población inmigrante, y la movilidad rural en áreas funcionales supramunicipales. Aunque sí hay novedades en la gobernanza para cooperar horizontal y verticalmente, incluso con agentes sociales y sociedad civil, aportación muy importante; en cambio no valora el saber hacer en la gestión de programaciones que sí han dinamizado el rural periférico como el LEADER, y se insiste en enfoques desde arriba sectoriales. Se plantean inversiones muy costosas en factores duros, sigue el culto hacia las infraestructuras, como siempre las de transporte y ahora las telemáticas, evaluadas con sesgos, en lugar de los intangibles que tienen que ver con el talento, la tolerancia y la creatividad, más relevantes en un emergente capitalismo creativo postmaterial de una sociedad sostenible más humana y cuidadora». *Vid.* SÁEZ PÉREZ, L. A., «Análisis de la Estrategia Nacional frente a la Despoblación en el Reto Demográfico en España», en *Ager: Revista de estudios sobre despoblación y desarrollo rural= Journal of depopulation and rural development studies*, núm. 33, 2021, p. 7.

85 De esta forma, España podrá recibir 7 próximos desembolsos y una prefinanciación de unos 1.400 millones de euros asociada al capítulo REPowerEU. En ese sentido, podría

euros de la asignación complementaria de transferencias y los hasta 84.000 millones de euros concedidos en préstamos. Por otra parte, se sumarán los más de 2.640 millones de euros procedentes de la ampliación del Mecanismo de Recuperación y Resiliencia que supone el nuevo programa REPowerEU[86].

Así mismo, gracias a la puesta en marcha de esta segunda fase del PNRTR, se destinarán más de 7.652 millones de euros en forma de transferencias adicionales y 16.686 millones de euros en préstamos a reforzar la práctica totalidad de los Proyectos Estratégicos para la Recuperación y Transformación Económica (PERTEs) que ya están en marcha para movilizar y canalizar la inversión pública y privada.

---

recibir entre transferencias y préstamos: hasta 25.600 millones de euros en 2024; hasta 44.600 millones en 2025 y hasta 44.300 millones en 2026.

86 Estrategia que trata de reducir la dependencia de la Unión Europea de los productos energéticos de Rusia al tiempo que, apuesta por una transición hacia un modelo energético respetuoso con el medio ambiente, fomentando en conjunto la resiliencia del sector energético y apostando por una Unión de la Energía. Basándose en el paquete de propuestas Objetivo 55, y recogiendo las prioridades y objetivos del European Green Deal, REPowerEU propone una serie de medidas para ahorrar energía y diversificar el suministro energético y progresar hacia un modelo energético sostenible y respetuoso con el medio ambiente combinando planes y reformas de índole muy variada. Estas acciones, que buscan transformar radicalmente el sistema energético de la UE, necesitarán tanto de medidas a escala europea como de medidas nacionales, de inversiones inteligentes y una diplomacia común que faciliten la reducción de la dependencia con Rusia y un correcto despliegue de energías renovables. *Vid.* Comisión Europea, *Plan REPowerEU*, Bruselas, 2022, p. 1 [COM(2022) 230 final].

Gráfico 2. PERTEs

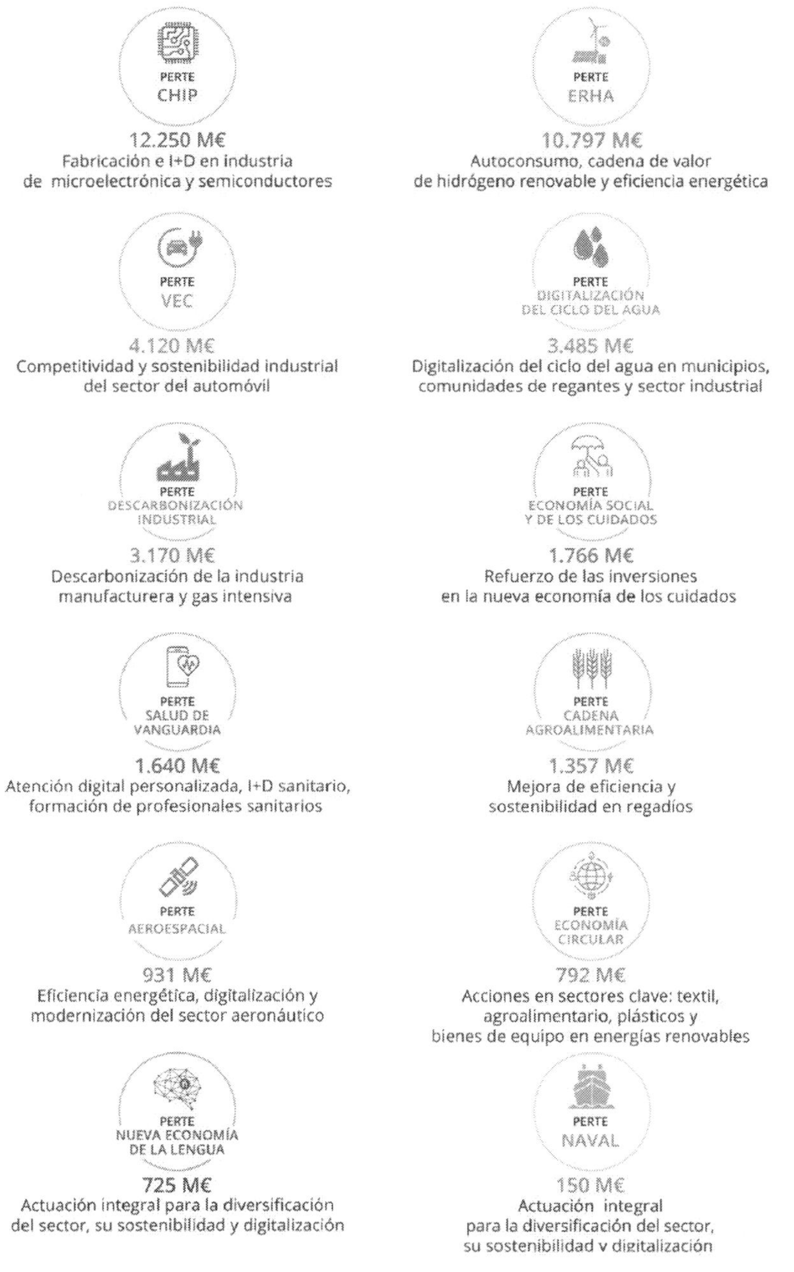

Fuente: Gobierno de España[87]

87 La Adenda representa en síntesis un incremento de 26.978 millones de euros, distribuidos

Junto con estas inversiones adicionales, la Adenda incluye un completo programa de reformas complementarias a las ya desplegadas desde el año 2020, tras la irrupción de la crisis sociosanitaria de la COVID-19. Se trata de 17 medidas destinadas en particular a acelerar la transición ecológica y la transformación industrial, entre las que destacan las actuaciones destinadas a:

a) Acelerar el despliegue de las energías renovables.

b) Impulsar la movilidad eléctrica y las Zonas de Bajas Emisiones en las ciudades.

c) Mejorar la gestión de los residuos y promover la economía circular.

d) Impulsar la Estrategia de lucha contra la desertificación.

e) Actualizar el Esquema Nacional de Seguridad.

f) Poner en marcha de la Agencia de Supervisión de Inteligencia Artificial.

g) Potenciar la inserción laboral e impulsar la cualificación y recualificación de los trabajadores para responder especialmente a la demanda derivada de las inversiones del Plan de Recuperación.

h) Reforzar la cohesión y resiliencia institucional, económica y social, mediante el impulso de nuevas leyes en materia de consumo y oferta de vivienda en alquiler, así como la implementación de varias reformas normativas en los ámbitos de defensa de la competencia y del mercado de valores y servicios de inversión, la mejora del sistema de planificación de las inversiones en infraestructuras de transporte o la nueva regulación de la actividad de los grupos de interés.

Por último, la Adenda incluye la modificación de un número limitado de hitos y objetivos del PNRTR para adaptarlo al contexto socioeconómico actual y a las necesidades que han ido surgiendo tras la puesta en marcha de la primera fase del Plan[88].

a fortalecer los PERTEs como sigue: Microelectrónica y Semiconductores (11.975 millones de euros); Energías Renovables, Hidrógeno Renovable y Almacenamiento (4.196,6 millones de euros); Vehículo Eléctrico y Conectado (1.250 millones de euros); Digitalización del Ciclo del Agua (3.055 millones de euros); Descarbonización Industrial (2.720 millones de euros); Economía de los Cuidados (1.000 millones de euros); Salud de Vanguardia (830 millones de euros); Industria Agroalimentaria (610 millones de euros); Aeroespacial (340 millones de euros); Economía Circular (600 millones de euros); y Nueva Economía de la Lengua (401 millones de euros). *Vid.* GOBIERNO DE ESPAÑA, *Adenda. Segunda fase del Plan de Recuperación, Transformación y Resiliencia del Reino de España*, Madrid, 2023, p. 30.

88 Estas enmiendas encuentran su base legal en el art. 21 del Reglamento (UE) 2021/241 del Parlamento Europeo y del Consejo, de 12 de febrero de 2021 por el que se establece el Mecanismo de Recuperación y Resiliencia, que prevé que los Estados miembros podrán modificar los hitos y objetivos inicialmente acordados siempre que se demuestre que su cumplimiento no será posible como consecuencia de la existencia de causas objetivas.

3.2.2.1. PERTE Agroalimentario: una firme apuesta por la innovación y la digitalización de todo el sector

El impacto de la guerra de Rusia sobre la oferta de materias primas para la actividad agraria y agroalimentaria, y sus repercusiones sobre la inflación han puesto de manifiesto la importancia y la urgencia de que la Unión Europea refuerce su autonomía estratégica en el terreno agroalimentario. Consciente de esta realidad y de que el sector agroalimentario tiene un valor estratégico para la economía española, no solo por su aportación al PIB y su proyección internacional sino también desde un punto de vista social y medioambiental, ya que provee a la población de bienes esenciales para su subsistencia, como quedó patente en los momentos más difíciles de la pandemia de COVID-19, el Gobierno de España decidió impulsar la Orden PCM/81/2022, de 9 de febrero, por la que se publica el Acuerdo del Consejo de Ministros de 8 de febrero de 2022, por el que se aprueba el Proyecto Estratégico para la Recuperación y Transformación Económica Agroalimentario (PERTE Agroalimentario)[89].

Por esta razón, el PERTE Agroalimentario se concibe como una propuesta de interés general para el conjunto de la economía, por su capacidad de arrastre y potencial transformador; y para la sociedad, por el impulso del empleo de calidad y por su contribución al reto demográfico y al equilibrio territorial. Por todo ello, este PERTE se concibe como un conjunto de medidas para reforzar el desarrollo de la cadena agroalimentaria y dotarla de las herramientas necesarias para afrontar los retos medioambientales, digitales, sociales y económicos de la próxima década. En definitiva, los objetivos del PERTE Agroalimentario serán la:

a) Mejora de la competitividad del sector agroalimentario en España.

b) Mejora de la sostenibilidad del sector agroalimentario en España.

c) Mejora de la trazabilidad y seguridad en el sector agroalimentario en España.

d) Contribuir a paliar el reto demográfico y territorial como objetivo transversal.

Para conseguir estos objetivos, se presupuestó con una inversión pública inicial de 1.000 millones de euros hasta 2023, aunque posteriormente se anunciaron otros 800 millones de euros adicionales para la transformación de la industria agroalimentaria y la mejora de la gestión del agua y la modernización de los regadíos[90].

---

89 El propósito último no es otro que el de modernizar uno de los objetivos fundacionales de la Política Agraria Común y adaptarlo a las necesidades de un mundo en el que el acceso a las materias primas resulta esencial para mantener la producción de la industria agroalimentaria y la estabilidad de los precios de los alimentos.

90 No obstante, por su capacidad de arrastre en distintos ámbitos, según las estimaciones del Gobierno de España, se prevé que este PERTE genere un impacto en la economía de

Para conseguir estos objetivos se han definido medidas específicas en el ámbito industrial, medidas transformadoras que impulsan directamente la cadena de valor del sector agroalimentario, así como otras medidas, denominadas «facilitadoras» que, sin ser diseñadas expresamente para este sector, pueden ofrecer medidas de apoyo complementarias para el sector agroalimentario.

Con estas actuaciones previstas en el Plan de Recuperación en general y en este PERTE en particular, se pretende responder a los retos que amenazan al sector agroalimentario y pesquero y que están erosionando su competitividad y rentabilidad. Entre ellas se pueden citar las siguientes:

a) *Una insuficiente capitalización de las empresas, agravada como consecuencia de la crisis sanitaria*.

b) *Un déficit de inversión en investigación, desarrollo e innovación respecto a la medida europea*.

c) *Un diferencial en términos de VAB entre sector primario y el de transformación de productos agroalimentarios*.

d) *Un retraso en la incorporación de tecnologías digitales*.

e) *Una mayor exposición a los riesgos derivados del cambio climático y de las enfermedades emergentes*.

De esta forma, el objetivo de este PERTE Agroalimentario es mejorar la sostenibilidad, competitividad y resiliencia del sector agroalimentario, tanto desde el punto de vista económico como medioambiental y social, de forma que pueda contribuir al logro de los objetivos nacionales, europeos e internacionales a este respecto. Para ello se incluyen en este PERTE una serie de inversiones estratégicas dirigidas a mejorar la resiliencia del sector y su competitividad, y a la consecución de los objetivos climáticos, medioambientales y de descarbonización de la economía, tales como:

- Impulsar la transformación tecnológica de todo el sector, su desarrollo tecnológico, acelerar la transformación digital de los actores implicados, el uso del *Big data* y nuevas herramientas digitales y la adaptación al nuevo entorno impuesto por la economía digital.
- Profundizar en el suministro de alimentos sanos, seguros y saludables, asociado con procesos industriales que mejoren la descarbonización y minimicen su impacto en términos de sostenibilidad.
- Mejora de la dimensión y de la cohesión social del sector agroalimentario. Se trata de apoyar a los jóvenes, proteger a los segmentos más

unos 3.000 millones de euros. En este sentido se espera que favorezca la creación de nuevos modelos de negocio, oportunidades laborales y ahorro en el tejido productivo, las economías domésticas y los presupuestos públicos.

vulnerables, facilitar la incorporación de las mujeres, apuesta por la I+D y por la capacitación y formación continua.

- Impulsar el desarrollo de una economía circular y a reducir el impacto ambiental del sistema agroalimentario, fomentando un uso eficiente de los recursos naturales y la energía en la producción de alimentos, adoptando medidas en materia de transporte, almacenamiento, envasado y desperdicio de alimentos.

Así las cosas, el PERTE agroalimentario se centra en tres ejes de actuación prioritarios que abordan actuaciones concretas en el ámbito del fortalecimiento de la industria agroalimentaria, de la digitalización de toda la cadena de valor de este sector y del impulso a la innovación, desarrollo e investigación ligada a la producción agroalimentaria[91]:

1. Paquete de apoyo específico para la industria agroalimentaria, con el objetivo de mejorar sus procesos de producción, vinculados con su competitividad, sostenibilidad y trazabilidad de la producción de alimentos[92] (400 millones de euros).
2. Medidas concretas para apoyar el proceso de adaptación digital y que se extienda a todos los agentes que forman parte de su cadena de valor, en particular, agricultores y ganaderos y sus cooperativas, pequeñas y medianas empresas de producción, transformación y comercialización[93] (454,35 millones de euros).

---

91 *Vid.* Gobierno de España, *PERTE Agroalimentario*, Madrid, 2022, p. 12.

92 La principal medida de apoyo será la línea de ayudas de carácter plurianual gestionada por el Ministerio de Industria, Comercio y Turismo, cuyo objeto será la concesión de préstamos con un tramo no reembolsable, y que contará con la financiación del MRR en la parte de subvención, y con la financiación del presupuesto nacional en la parte de préstamo. Se han identificado tres bloques que reflejan los aspectos más importantes de cara al futuro desarrollo de la industria agroalimentaria en todos sus procesos: la competitividad, la sostenibilidad y la trazabilidad y seguridad alimentaria. Los proyectos deberán estar enfocadas a la mejora de los procesos en estas áreas o bloques. Como requisitos de las entidades solicitantes, será obligatorio que dentro de un proyecto se presenten todos los agentes pertenecientes a la industria agroalimentaria que sean necesarios para la producción y puesta en comercialización del producto. Los proyectos deberán incluir actuaciones a nivel individual en dos de los tres bloques indicados, siendo obligatoriamente uno de ellos el de trazabilidad y seguridad alimentaria y en cada uno de ellos se deberán ejecutar proyectos en los que exista una cooperación efectiva entre los agentes participantes.

93 Como se ha puesto de relieve, la digitalización del sector agroalimentario es una herramienta imprescindible para alcanzar los objetivos de sostenibilidad y competitividad y de cohesión social y territorial vinculados con la producción de alimentos. En este sentido, el Plan de Recuperación y la nueva Política Agrícola Común 2023-2027 representan una oportunidad única para impulsar y reforzar la innovación y digitalización del sector agroalimentario español, y con esta visión se adoptó en marzo de 2019 la «Estrategia de digitalización del sector agroalimentario y del medio rural», que sienta las bases del proceso de transformación digital de todo el sector. La Estrategia se despliega a través de planes de acción bienales y actualmente está vigente el II Plan de Acción, cuya ejecución

3. Medidas específicas de apoyo a la innovación y la investigación para lograr un sector agroalimentario competitivo en todos los eslabones[94] (148,56 millones de euros).

Según los datos aportados en la adenda el Plan de Recuperación aprobada por la Comisión Europea el pasado 2 de octubre de 2023, las transferencias al PERTE Agroalimentario en la primera fase del Plan de Recuperación ascienden, hasta el momento, a 747 millones de euros. Inversiones que la adenda eleva por valor de 410 millones de euros para reforzar las actuaciones de modernización de más de 160.000 hectáreas de regadíos.

Así, con la Adenda se reforzará el PERTE Agroalimentario para permitir la modernización, la mayor productividad, sostenibilidad y rentabilidad de este sector estratégico en todo el territorio.

3.3. Análisis de las previsiones contempladas en materia agroalimentaria en las Estrategias autonómicas de Reto Demográfico

Además de la amplia actividad programática llevada a cabo por el gobierno central, las CCAA también han desarrollado una prolífica y diversa actividad programática para intentar paliar los efectos negativos del reto demográfico. En cada una de las CCAA en las que exista Estrategia de Reto Demográfico estudiaremos los aspectos general y en concreto, el tratamiento del comercio de proximidad. En este trabajo hemos defendido el importante papel del derecho para afrontar la despoblación y fomentar el comercio de proximidad. Sin embargo, también es preciso que estas disposiciones normativas estén acompañadas de políticas públicas dotadas de un presupuesto sufi-

se extenderá hasta el año 2023. Esta estrategia y sus planes de acción dan cobertura al proceso de transformación digital del sector agroalimentario, que se verá fortalecido con las actuaciones previstas en este PERTE Agroalimentario.

94 La I+D+I en el sector agroalimentario es crucial para la consecución de los objetivos de este PERTE. De ahí que este la I+D+I se defina como uno de los ejes del PERTE Agroalimentario, transversal, además, a las distintas actuaciones incluidas en el mismo. A la vista de los datos del sector, resulta imprescindible aumentar el apoyo financiero a las actuaciones de investigación científica e innovación, así como a la transferencia del conocimiento. Con este apoyo y de la mano del sector, se podrán mantener los avances en la productividad y competitividad agroalimentaria y mejorará la sostenibilidad de los recursos naturales y la calidad de los productos agroalimentarios. Por ello dentro, de las medidas transformadoras de este PERTE se incluyen actuaciones y herramientas de impulso a la I+D+I orientadas al sector agroalimentario, tales como: (i) la modernización de los laboratorios de sanidad animal y vegetal; (ii) el fortalecimiento de las capacidades, infraestructuras y equipamientos de los agentes del Sistema Español de Ciencia, Tecnología e Innovación (SECTI); (iii) la convocatoria de proyectos de I+D de vanguardia orientados a retos de la sociedad; y (iv) el impulso de ayudas a Centros Tecnológicos de Excelencia Cervera.

ciente para dinamizar las economías rurales a través de medidas de impulso al comercio de proximidad.

3.3.1. Andalucía

En el momento en el que se escriben estas líneas Andalucía no ha aprobado una Estrategia de Reto Demográfico, sin embargo, sí existe un Acuerdo del Consejo de Gobierno por el que se aprueba la formulación de una Estrategia frente al Desafío Demográfico en Andalucía[95]. El objetivo primordial de esta estrategia es la provisión de servicios públicos básicos en todo el territorio andaluz en igualdad de condiciones, al que añade una serie de objetivos específicos entre los que destacamos el séptimo «generación de oportunidades en el mundo rural y afianzamiento de la población al territorio: discriminación positiva, instrumentos fiscales y respaldo público» y el décimo «sector agrario y alimentario: desarrollo económico y fijación de la población».

Pese a que aún no está aprobada la Estrategia, el propio acuerdo menciona planes de materias específicas que afectan de forma directa a las áreas rurales, para el objeto de este trabajo cabe destacar el Plan Estratégico para mejorar la competitividad del sector agrícola, ganadero, pesquero, agroindustrial y del desarrollo rural de Andalucía, cuyo periodo en vigor más reciente es el aprobado para los años 2020-2022[96].

En él, se hace un diagnóstico de la situación de la cadena alimentaria apuntando las bajas tasas de valor añadido (14 %) respecto a la media de otros sectores (21,5 %), lo que repercute en que una parte importante de la producción agroalimentaria andaluza sea posteriormente procesada y acondicionada para su comercialización final fuera de nuestra Comunidad Autónoma. Esto se traslada a las prioridades estratégicas del plan que incluye: el incremento del valor añadido, de la calidad, de creación de industrias y de apertura de nuevos mercados y el equilibrio de la cadena de valor que incluya la mejor vertebración del sector y el aumento de la resiliencia de las explotaciones. Sin embargo, no contempla el fomento de los canales cortos de comercialización para incrementar valor y equilibrar la cadena de valor, sino que establece medidas para potenciar las organizaciones de productores.

3.3.2. Aragón

Mediante Decreto 165/2017, de 31 de octubre, del Gobierno de Aragón se aprueba la Directriz Especial de Ordenación Territorial de Política Demográ-

95 Acuerdo de 2 de mayo de 2023, del Consejo de Gobierno, por el que se aprueba la formulación de la Estrategia frente al Desafío Demográfico en Andalucía (BOJA de 5 de mayo de 2023). Disponible en: https://acortar.link/A8IzDI.

96 Disponible en: https://acortar.link/A8IzDI.

fica y contra la Despoblación. En concreto analizaremos el tomo II, el cual está dedicado a las estrategias y las medidas. Éste se configura en torno a 15 ejes: actividades económicas y mercado laboral, alojamiento, equipamientos y servicios (sanitarios, educativos y sociales), movilidad, tecnologías digitales de comunicación, escenario vital y patrimonio territorial, límites ambientales y recursos naturales, gobernanza y financiación, sensibilización, sistema de asentamientos, envejecimiento, mujeres y familias, jóvenes e inmigración. Dentro de cada cual se incluyen una serie de medidas.

En este trabajo interesa el Eje 1 «Actividades económicas y mercado laboral», que apuesta por potenciar la industria agroalimentaria a través de la innovación, la internacionalización del sector y el impulso de las certificaciones de calidad diferenciada. Asimismo, impulsa la agricultura ecológica, para lo cual incluye medidas como el apoyo a las explotaciones agrícolas de producción ecológica, elaboración de campañas de formación y educación del potencial del mercado ecológico y diseño de una marca de calidad de los productos aragoneses ecológicos. Dentro del Plan de empleo en el medio rural en el que incorpora medidas de flexibilidad normativa de productos agroalimentarios de cercanía a través de la aprobación de la Ley de Venta local, la cual será analizada posteriormente.

3.3.3. Asturias

En Asturias está vigente el Plan Demográfico del Principado de Asturias 2017-2027[97], el cual se encuentra estructurado en 7 ejes, que se desglosan en 23 líneas, que se concretan en 49 medidas y éstas en 218 acciones. Los ejes son: diversificación económica y empleo, igualdad de oportunidades, conciliación y corresponsabilidad para las familias, envejecimiento, relevo generacional, política migratoria, reequilibrio territorial y adaptación al cambio.

Dentro del eje 1 «Dinamización económica y TICS», en su línea estratégica 1.3. «impulso de los sectores productivos» se incluyen medidas de dinamización económica en las que se apuesta por los recursos endógenos. Entre ellas, la más relacionada con nuestro objeto de estudio es la acción 1.3.1.1. de apoyo a la organización de certámenes de difusión de las producciones agrarias locales fundamentalmente del medio rural. Pues el resto de las medidas del sector agroalimentario están destinadas al fomento de especies autóctonas o locales, el incremento de la innovación en las empresas de

97 En el que han colaborado para su desarrollo el gobierno del Principado de Asturias, la Universidad de Oviedo y el Observatorio del Territorio, el cual ha sido creado por el Departamento de Geografía de la Universidad de Oviedo. La inclusión en la creación de planes demográficos de observatorios como este son ejemplos de buenas prácticas, además de la existencia per se de los mismos, como ocurre en la Universidad de Salamanca, en la que recientemente se ha creado el Observatorio de Derecho Rural, impulsado por el Área de Derecho Administrativo de la Facultad de Derecho.

primera transformación y el aumento de subvenciones de mejora de explotaciones agrarias a los jóvenes (acciones 1.3.2.1., 1.3.2.2., 1.3.2.3. y 1.3.2.4.).

Un aspecto positivo de este plan es que incluye un plan de seguimiento de los periodos 2017-2020, 2021 y 2022. Respecto a la acción 1.3.1.1. en el periodo 2017-2020 se habían ejecutado 1.008.301€ y calificaban el grado de cumplimiento de muy bueno. En 2022 no hubo inversión en esta acción.

3.3.4. Cantabria

En Cantabria la acción programática frente a la despoblación está plasmada en la Estrategia Regional de la Comunidad Autónoma de Cantabria frente al Reto Demográfico y lucha contra la despoblación 2021-2027, la cual está compuesta por un objetivo general, el de lograr la igualdad de oportunidades y el libre ejercicio de los derecho de la ciudadanía en todo el territorio y siete objetivos transversales, que están acompañados de 12 ejes estratégicos a los que se asocian una serie de acciones y medidas.

Dentro del eje estratégico de desarrollo rural sostenible del sector primario encontramos una serie de estrategias concretas que son positivas para el fomento del comercio de proximidad. En la estrategia enfocada en la competitividad del sector agroalimentario destacamos las siguientes acciones: creación de obradores polivalentes de uso colectivo y gestión pública para facilitar el acceso a procesos de transformación y comercialización a pequeñas iniciativas locales y fomento de los canales cortos de comercialización a través de la generación de un ecosistema adecuado para que los pequeños productores tengan un acceso sencillo a un canal de comercialización que posibilite mejorar sus perspectivas de negocio a la vez que mejorar la calidad y la frescura con la que el producto llega al consumidor final.

En la estrategia de comunicación y marketing territorial la acción de diseño y creación de una marca comarcal de calidad rural y organización de degustaciones de productos locales. En la estrategia de mejora de los canales de comercialización las acciones de diseño e implementación de un Centro Comercial Virtual de productos locales, la creación una red de tiendas de marcas locales, la implantación de una oficina especializada en la producción local, promoción del consumo de productos autóctonos en los comedores escolares, impulso de los canales cortos de comercialización. En la estrategia de promover la cooperación intersectorial con agentes locales se incluyen acciones destinadas a la organización de eventos gastronómicos de productos locales.

En esta CCAA destacamos de forma positiva que incluye acciones muy concretas y novedosas para dinamizar las economías rurales a través del comercio de proximidad, por lo que si se acompañan de un presupuesto suficiente cabría esperar el éxito de estas.

3.3.5. Castilla-La Mancha

La acción contra la despoblación en esta comunidad autónoma se articula a través de la Estrategia para el desarrollo de zonas con despoblamiento y declive socioeconómico en Castilla-La Mancha, que se articula a través de las inversiones territoriales integradas (ITI). Las ITIS son un instrumento arbitrado por la normativa europea que facilita el apoyo a las acciones integradas en un territorio, permitiendo combinar la financiación vinculada a diferentes objetivos temáticos y a diversos programas operativos apoyados por los diferentes Fondos Estructurales y de Inversión Europeos (FEIE).

Su objetivo central es la recuperación sociodemográfica de las zonas ITI57 por medio de tres vectores de desarrollo: la digitalización del territorio, el fomento de la actividad económica y el aprovechamiento sostenible de los recursos disponibles, estos vectores se dividen en objetivos temáticos, entre los que podemos destacar por su relación con el comercio de proximidad tanto en su forma tradicional como por vías electrónicas: la modernización y diversificación del sector agrario, el acceso a nuevas tecnologías, el desarrollo turístico, la puesta en valor de recursos turísticos endógenos, la convergencia a una economía sostenible y el cuidado del medio ambiente como activo de desarrollo. Dentro de los mecanismos creados para su promoción se incluyen subvenciones y ayudas de diversa índole que pueden favorecer de forma directa o indirecta el comercio de proximidad.

3.3.6. Castilla y León

Actualmente, no está en vigor ninguna Estrategia frente a la despoblación en Castilla y León, sin embargo, analizaremos la Agenda para la población de Castilla y León que se ejecutó en el periodo 2010-2020. En ella se incluían diversas actuaciones con un impacto positivo en el desarrollo del comercio local; así por ejemplo la medida veintiuno considera como criterio prioritario la generación o mantenimiento de empleo en la selección de las convocatorias realizadas por los Grupos de Acción Local. La medida setenta de dicha agenda establece la necesidad de desarrollar y ejecutar la Estrategia Autonómica de Apoyo Integral al Sector Agroalimentario 2014-2017, con el objetivo prioritario de mejorar la actividad económica y la creación de empleo, especialmente en el ámbito rural. Incluyendo entre otras: medidas de apoyo financiero a las industrias agroalimentarias, medidas de fomento del empleo y autoempleo, formación del capital humano, de apoyo a la promoción y comercialización y medidas para mejorar la atención pública al sector y lograr la simplificación administrativa. Por su parte, la medida ciento treinta y uno establece como medida la Ejecución de la Estrategia + Sabor de la marca de garantía «Tierra de Sabor» al servicio de la dinamización económica del sector agrario y agroalimentario de Castilla y León, generando valor añadido para todos los agentes intervinientes en la cadena de valor del sector agrario. Por último, la medida ciento treinta y siete incorpora como medida el diseño y definición de planes de desarrollo de comercio local y de proximidad en el medio rural[98].

Además, es relevante mencionar, dentro del ámbito autonómico castellanoleonés, la existencia del III Plan de Comercio: estrategia para el comercio de Castilla y León[99], en el que no se hace alusión a la potenciación del comercio de proximidad del medio rural, sino que se pretende fomentar en abstracto de la misma manera la distribución y el empleo del medio urbano y rural. Esta cuestión es una muestra más de la aplicación de la lógica urbanita a nuestras economías rurales, olvidando que lo que verdaderamente funciona es potenciar su propia idiosincrasia, para así poner en valor su comercio y crecer económicamente, precisamente por esta diferenciación.

3.3.7. Comunidad Valenciana

En Valencia se aprueba el Plan Estratégico Valenciano Antidespoblamiento (Estrategia AVANT 20-30)[100]. Se trata de un documento participativo en el que se hace un diagnóstico de la situación demográfica valenciana y posteriormente, se incluyen las áreas de acción y las líneas estratégicas para afrontar el Reto Demográfico. Entre ellas, se incluyen algunas medidas encaminadas a potenciar una transformación del sistema agroalimentario de la mano de las áreas rurales.

En el objetivo de línea estratégica 3 dedicado a los sectores productos en áreas rurales se resalta la importancia de crear una cadena agroalimentaria viable y sostenible, reactivar la industria por la sostenibilidad y el territorio y fomentar el turismo sostenible. Así, dentro de las propuestas del programa 3.1. «Sistemas agrarios y alimentarios territoriales» se incluyen: el apoyo de dotación de servicios comunes que favorezcan el procesado y la puesta en mercado de los productos (acopio, mataderos, salas de despiece, centros de envasados de miel, queserías, embotelladoras, obradores, etc.); incentivo de los canales cortos de comercialización, la venta de proximidad, los productos locales y las redes de ecomercados, así como, su relación con las experiencias turísticas o el fomento de la creación de cooperativas y pequeñas empresas para la producción y comercialización de semillas de variedades locales.

---

98 Ejemplo de ello es la aprobación por parte del Ayuntamiento de Valladolid del Plan Integral de apoyo al comercio de proximidad.

99 Aprobado mediante acuerdo 34/2016, de 9 de junio, de la Junta de Castilla y León.

100 Esta estrategia es fruto de la colaboración entre Universidad Pública y administraciones, puesto que ha sido elaborada por un equipo de investigadores de la Universitat de València y apoyado por las Cátedras AVANT de las universidades públicas valencianas.

En el programa 3.2. se incorporan propuestas encaminadas a aportar un valor añadido a los productos locales valencianos, a través de la consolidación de marcas territoriales de calidad, diferentes estrategias de difusión, apoyo a PYMES o potenciar los acuerdos de suministro de productos agrícolas.

3.3.8. Extremadura

En Extremadura hemos de analizar la Estrategia ante el reto demográfico y territorial[101], la cual se fundamenta en principios de intervención que son transversales a todas las áreas en las que se organiza, a saber:

- Transversalidad: se incorporará la perspectiva demográfica y territorial en todas las actuaciones de la Junta de Extremadura.
- Participación: se promoverá la participación de todos los agentes implicados y de la ciudadanía en general.
- Colaboración y cooperación: entre administraciones y con el sector privado, con la finalidad de ser más eficientes en las intervenciones territoriales.
- Simplificación administrativa y coordinación: con el fin de garantizar la eficacia en el empleo de recursos, evitando posibles duplicidades entre administraciones, así como de simplificar y agilizar los procedimientos relacionados con las políticas sectoriales.
- Sensibilización y concienciación de la ciudadanía: ante el fenómeno demográfico y territorial de la importancia del medio rural para una región como Extremadura.
- Seguimiento y evaluación: de las medidas y acciones de la Estrategia valorando su impacto y el alcance de los indicadores planteados.

Estos principios están presentes en las siete áreas de intervención: 1) sanidad, atención sociosanitaria y mayores, 2) igualdad de oportunidades: mujer, juventud, familia, vivienda e inmigración, 3) educación, formación y cultura, 4) infraestructuras y equipamiento público, 5) ordenación y gestión del territorio, 6) economía, empleo y generación de riqueza y 7) fiscalidad y financiación. En el área de intervención 6, en concreto en la línea estratégica «puesta en valor de los recursos endógenos» destacamos la medida 226 «fomento del suministro y consumo de proximidad a través de cadenas cortas de distribución de los productos agroalimentarios, facilitando la venta directa desde las explotaciones a los consumidores», la medida 227 «posicionamiento de los productos del medio rural a través del fomento de plataformas de comercio online» y la medida 233 «creación y potenciación de marcas de calidad del territorio».

101 Aprobada mediante Decreto 32/2022, de 30 de marzo.

3.3.9. La Rioja

En La Rioja analizaremos la Agenda para la Población de La Rioja 2030, en la que se incluyen medidas específicas para fomentar el comercio, como por ejemplo: el impulso de líneas de apoyo, incentivo y asesoramiento para recuperar el pequeño comercio en las áreas rurales, lo que no solo ayuda a la economía de estos territorios, sino que garantiza el derecho de acceso a los alimentos a todos los ciudadanos, independientemente del tamaño del municipio.

Asimismo, se pondrán en marcha iniciativas que tengan como objetivo el incremento del emprendimiento, fomentando una agricultura diversificada y competitiva, fortaleciendo las cadenas de valor rural y las redes productivas locales, a la par que se fomentan los mercados de proximidad. Esto último está previsto conseguirlo a través de cuatro acciones, dos dependientes de la Consejería de Agricultura, para las que aún no se tiene prevista una partida presupuestaria, que son el Plan de Mercados de proximidad y la creación de un distintivo para identificar productos agroalimentarios de producción cercana en La Rioja.

La tercera acción se denomina «Economía solidaria: una herramienta contra la despoblación» que depende de Presidencia y tiene un presupuesto establecido de 42.992,2 € y, en cuarto lugar, podemos mencionar dentro del fomento del emprendimiento el programa Emprende Rioja Rural, dependiente de la Consejería de Desarrollo Económico. Por último, se incluye una medida de reducción de las cargas administrativas, con una acción concreta de constituir un grupo de trabajo para la revisión normativa en materia higiénico-sanitaria. Esto sería muy positivo pues no existe una normativa en La Rioja de flexibilización de las normas higiénico-sanitarias para los productos de suministro en canales cortos de comercialización.

3.3.10. Madrid

En Madrid se ha aprobado de forma reciente (junio de 2023) la Estrategia para la revitalización de los municipios rurales[102], que se basa en cuatro ejes de acción: económico, social, ambiental y de gobernanza, en cada uno de los cuales se incluyen medidas concretas. Sin embargo, no se incluye ninguna acción relacionada con el sector agroalimentario de proximidad.

3.3.11. Navarra

En Navarra encontramos la Estrategia de lucha contra la despoblación de Navarra, de la que destacamos el mandato de incluir una habilitación

102 Esta Estrategia estaba configurada para el periodo 2021-2023, tal como establece el propio documento. Sin embargo, se aprobó en junio de 2023.

financiera en los presupuestos de cada ejercicio y una dotación de recursos humanos técnicos para cada uno de los proyectos derivados de la Estrategia. Puesto que sin los recursos y la financiación necesaria las acciones no pueden materializarse de forma idónea. Tiene un objetivo general que es el de establecer las condiciones sociales, económicas y territoriales, para mantener y revitalizar la población de las zonas en despoblación de Navarra a través de los siguientes ámbitos: los y las nuevas pobladoras, los servicios básicos, las relaciones sociales, la cohesión económica, la cohesión territorial y la identidad y valor de la vida rural. En esta Estrategia no encontramos ninguna medida específica de fomento del comercio de proximidad.

3.3.12. País Vasco

En este caso estudiaremos la Estrategia Vasca 2030 para el Reto Demográfico que organiza su Plan de actuación en tres bloques de medidas: de impacto a corto plazo, a largo plazo y de temática transversal. En esta CCAA no se incluyen actuaciones concretas para el impulso del comercio de proximidad.

IV

IMPACTOS Y EXTERNALIDADES POSITIVAS DERIVADAS DEL FOMENTO DEL COMERCIO DE PROXIMIDAD

El sector agroalimentario español tiene un valor estratégico innegable para la economía nacional, no solo desde un punto de vista económico por su aportación al PIB nacional, o por su proyección internacional con su impacto directo en la imagen de nuestro país, sino también desde la vertiente social, ya que provee a la población de bienes esenciales para su subsistencia, aspecto clave que se ha puesto de manifiesto en los peores momentos de la crisis sanitaria provocada por la COVID-19.

Del mismo modo, cabe destacar que presenta numerosas externalidades positivas, ya que participa destacadamente en la conformación de la cultura, el paisaje, la gastronomía o las tradiciones, es un yacimiento de empleo fundamental y un motor de actividad económica en las zonas rurales. Operando como fundamento de la actividad en el medio rural, permite a su vez una más compensada distribución poblacional en un país que ha de afrontar, por un lado, el reto demográfico y territorial, y por otro, la preservación medioambiental. Por todo ello, el sector agroalimentario contribuye a la cohesión social y territorial de nuestro país.

Todas estas externalidades positivas son aún más visibles en el supuesto concreto de los CCC, los cuales albergan potenciales beneficios para el medio ambiente, las áreas rurales y la renta de los agricultores, por lo que su fomento y buena regulación tiene una importancia fundamental.

4.1. Sobre el medio ambiente y la huella ecológica

De la pertenencia de España a la Unión Europea derivan importantes compromisos medioambientales, entre los que se incluye acometer una sustancial transformación del sistema agroalimentario. Por todos es sabido, que la UE quiere conseguir ser climáticamente neutra en 2050. Entre los instrumentos aprobados a tal efecto, por su relevancia con la materia que nos ocupa, la Estrategia de la Granja a la Mesa y la Política Agrícola Común (PAC), iniciativas que se analizarán con más detenimiento en las páginas siguientes.

Sin embargo, la realidad se aleja de los mandatos europeos, ya que actualmente nuestro sistema agroalimentario está basado en la globalización y la internacionalización, es decir, en el aumento en la distancia entre el lugar de producción de los alimentos y el de su consumo, lo cual tiene como resultado una creciente ampliación de la cadena alimentaria[103]. Este alargamiento de la cadena tiene consecuencias muy negativas para el medio ambiente, ya que los kilómetros recorridos por los alimentos son un elemento determinante en el impacto ambiental del sistema agroalimentario. Este impacto ha aumentado de 1,5 a 3,5 toneladas de CO2 per cápita de 1960 a 2010[104]. Por ello, la eliminación o reducción de la distancia en la fase de distribución nos permite construir sistemas alimentarios más sostenibles basados en la proximidad[105], reduciendo la huella de carbono de este sector económico.

4.2. Sobre la renta de los agricultores y las economías locales

Este alargamiento de la cadena también ha traído consigo un empeoramiento de la posición del agricultor en la cadena de valor, de manera que son los grandes distribuidores quienes se apropian de la mayor parte de los beneficios resultantes de la comercialización de alimentos, la cual representa en los países industrializados un 80 %[106].

Las formas de comercialización alternativas basadas en la proximidad mejoran las cadenas de suministro y con ella la renta agrícola de agricultores y ganaderos[107]. Los propios agricultores también demandan un cambio en

---

103 *Vid.* DELGADO CABEZA, M., «El sistema agroalimentario globalizado: imperios alimentarios y degradación social y ecológica», en *Revista de Economía Crítica*, núm. 10, págs. 32-61.

104 *Vid.* AGUILERA, E., PIÑERO, P., INFANTE AMANTE, J., GONZÁLEZ DE MOLINA, M., LASSALETTA, L. y SANZ COBEÑA, A., *Emisiones de gases de efecto invernadero en el sistema agroalimentario y huella de carbono de la alimentación en España*, Real Academia de Ingenieria, Madrid, 2020, p. 81.

105 *Vid.* MUÑOZ GÓMEZ, M. J., «La relocalización alimentaria: vector en la transición ecológica del derecho agroalimentario», en *Revista General de Derecho Administrativo*, núm. 62, 2023, pp. 1-45.

106 *Vid.* MONTAGUT, X. Y VIVAS, E. (coords.), *Supermercados, no gracias. Grandes cadenas de distribución, impactos y alternativas*, Ed. Icaria, Barcelona, 2007.

107 *Vid.* COMISIÓN DE AGRICULTURA Y DESARROLLO RURAL. *Informe sobre unos ingresos justos para los agricultores: mejorar el funcionamiento de la cadena de suministro de alimentos en Europa*. Comisión de Agricultura y Desarrollo rural, 2010. Disponible en: https://acortar.link/XE0bXW.

los sistemas alimentarios, debido a que la mayor parte de los beneficios van destinados a la distribución.

4.3. Sobre la política pública de reto demográfico y territorial

Los CCC se erigen también como una oportunidad real para las áreas rurales con desafíos demográficos. Esta premisa se refleja con rotundidad en varios documentos programáticos elaborados por la propia Comisión Europea[108] que conecta el fomento del comercio de proximidad con el fortalecimiento y desarrollo de la competitividad de las zonas rurales. Esto es así, porque los CCC favorecen no solo las rentas de los agricultores encargados de la producción primaria, sino también las actividades posteriores a ella (transformación, distribución y venta al por menor), generando un importante efecto multiplicador que genera múltiples y diversas oportunidades de trabajo, también en sectores asociados en estos territorios, como ocurre en el supuesto concreto del turismo rural.

Esta forma de comercialización es una oportunidad para las áreas rurales, puesto que además los propios consumidores demandan productos más sostenibles, sobre todo después de la crisis sociosanitaria de la COVID-19, tras la cual muchos consumidores cambiaron sus preferencias eligiendo alimentos más sostenibles tanto en su forma de producción (ecológicos), como en su forma de distribución (de proximidad)[109].

Por consiguiente, a medida que se incrementan las preocupaciones medioambientales y en vista de la urgencia que reviste mejorar las rentas percibidas por los agricultores y ganaderos, los canales cortos de comercialización son una alternativa cierta a las formas de comercialización hegemónicas[110].

---

108 *Vid.* COMISIÓN EUROPEA. *Informe de la Comisión al Parlamento Europeo y al Consejo sobre la conveniencia de establecer un sistema de etiquetado para la agricultura local y las ventas directa*, 2013. Disponible en: https://n9.cl/5ugj8.

109 *Vid.* MESA MANZANO, R. Y ESPARCIA PÉREZ, J., «Cambios en la demanda y estrategias de adaptación en producciones agrarias sostenibles durante el confinamiento por la pandemia COVID-19», en *Anales de Geografía de la Universidad Complutense*, vol. 43, núm. 1, 2023, p. 115.

110 *Vid.* MUÑOZ GÓMEZ, M. J., «Comercio alimentario de proximidad ¿un parámetro legal eficaz para lograr la sostenibilidad alimentaria?», en *Revista Catalana de Dret Ambiental*, vol. XII, núm. 2, 2021, 1-53. Disponible en: http://dx.doi.org/10.17345/rcda3153.

V

EL COMERCIO DE PROXIMIDAD EN LA HOJA DE RUTA EUROPEA

Como se ha puesto de relieve con anterioridad, la problemática de la España vaciada o, mejor dicho, el reto de revitalizar nuestro preciado medio rural es en esencia, como hemos tenido la oportunidad de reseñar en anteriores trabajos «un problema de personas; un problema de territorios; un problema, en primer lugar, *jurídico*[111], pues a ese campo pertenece la regulación de las relaciones no solo entre personas, sino también entre poderes públicos y ciudadanos, y entre personas y medio»[112].

Ciertamente, si detenemos nuestra atención en analizar la influencia que posee el universo de normas que componen nuestro corpus normativo[113], mediante las cuales se pretende ordenar la vida social y resolver los conflictos de la ciudadanía, observamos con pasmosa facilidad como el derecho positivo, el derecho vigente, está contribuyendo extraordinariamente a agravar aún más los problemas propios de la ruralidad[114], dificultando cualquier

111 La expresión Estado de Derecho ha tenido en la historia un significado cambiante y polémico, no habiendo alcanzado hasta nuestros días un cierto consenso sobre los caracteres del modelo político que pretende presentar. Esta expresión fue utilizada por primera vez por ROBERT VON MOHL, según los teóricos más aclamados en torno a 1829. La mención a la cláusula del Estado de Derecho que aparece en el art. 1 CE fue tomada de la formulación literal de los artículos 20 y 28 de la Ley Fundamental de Bonn. Los principios que integran esta cláusula del Estado de Derecho son tres: el principio de legalidad, el principio de tutela judicial efectiva y el principio de garantía patrimonial.

112 *Vid.* FERNANDO PABLO, M. M., «Devolver el alma...», p. 12.

113 La importancia de esta cuestión ya fue analizada en profundidad en la primera década del siglo XXI por las instituciones europeas, cristalizando en el plan de acción de la Comisión de 2002, «simplificar y mejorar el marco regulador». *Vid.* COMISIÓN EUROPEA, *Plan de acción «Simplificar y mejorar el marco regulador»*, Bruselas, 2002 [COM(2002) 278 final].

114 Ciertamente, el derecho positivo ha jugado un papel decisivo a la hora de reducir el valor de los territorios no urbanos, «tras las profundas alteraciones demográficas de todo un siglo, a la de proveedor de ocio para el mundo urbanita, suministrador de biodiversidad y parajes de naturaleza y valor medioambiental. Vivir del campo se transforma en una ocu-

intento de revitalización del medio rural y fomentando el fenómeno de la despoblación. Esta peligrosa tendencia a la que, por supuesto, tampoco escapa el Derecho agroalimentario, exige la adopción de importantes transformaciones normativas encaminadas a flexibilizar y adaptar el régimen jurídico de los canales cortos de comercialización agroalimentaria, de tal forma que permita desplegar todo el potencial de una actividad económica que se presenta en nuestros días como un recurso imprescindible para combatir la despoblación de los territorios rurales.

5.1. El Paquete de Higiene

5.1.1. Marco general

Desde el año 2000 se ha venido produciendo y simplificando el marco legislativo de la seguridad alimentaria en el conjunto de la Unión Europea, sin perder de vista uno de los objetivos principales de la legislación alimentaria que consiste, como es sabido por todos, en lograr un elevado nivel de protección de la vida y la salud de las personas, según establece el Reglamento (CE) n.º 178/2002 del Parlamento Europeo y del Consejo, de 28 de enero de 2002.

Es en este Reglamento donde se establecen los principios y los requisitos generales de la legislación alimentaria, entendida esta como el conjunto de disposiciones legales, reglamentarias y administrativas aplicables en la Comunidad Europea o a nivel nacional a los alimentos en general, y a la seguridad de los alimentos en particular. Se aplica a cualquiera de las etapas de la producción, la transformación y la distribución de alimentos, así como de piensos producidos para alimentar a los animales destinados a la producción de alimentos o suministrados a dichos animales (art. 3.1). Así mismo, este hito legal sienta las bases de la Autoridad Europea de Seguridad Alimentaria (AESA), la cual facilitará asesoramiento y apoyo científicos y técnico de cara a la labor legislativa y política de la Comunidad en todos aquellos ámbitos que, directa o indirectamente, influyen en la seguridad de los alimentos y los piensos, contribuyendo a lograr un nivel elevado de protección de la vida y la salud de las personas y, a este respecto, tendrá en cuenta la salud y el bien-

---

pación desarraigada, económicamente incierta (al menos en España, donde es patente que la política de conformación de la oferta agrícola-ganadera no ha evolucionado al ritmo de la demanda) y vitalmente discriminatoria: los territorios no han sido equipados para ofrecer el sustento de una residencia permanente, y su falta de servicios, sus carencias de equipamientos (por ejemplo, los culturales) su misma identidad, solo recientemente han comenzado a ser reivindicadas». *Vid.* FERNANDO PABLO, M. M., «La patología jurídica de lo rural en la Europa de la neutralidad climática», en DOMÍNGUEZ ÁLVAREZ, J. L., *Comunidades discriminadas y territorios rurales abandonados*, Thomson Reuters-Aranzadi, Cizur Menor, 2021, p. 25.

estar de los animales, las cuestiones fitosanitarias y el medio ambiente, todo ello en el contexto del funcionamiento del mercado interior (art. 22).

De igual forma, se fijan diferentes procedimientos relativos a la seguridad alimentaria para hacer frente a situaciones de emergencia, mediante la articulación de un sistema de alertas y gestión de crisis en el ámbito de la seguridad de los alimentos y los pienso (arts. 50 y ss.).

Además, en este reglamento se estipulan los principios de la seguridad alimentaria, a saber: (i) principio de recurso al análisis de riesgos por las autoridades competentes; (ii) principio de precaución; (iii) principio de transparencia; (iv) principio de inocuidad; y (v) principio de cautela; al tiempo que se definen las obligaciones específicas para los profesionales en materia de:

- **Seguridad sanitaria de los alimentos**: no se comercializará ningún alimento si es considerada peligrosa o presente un riesgo de serlo (art. 17).
- **Trazabilidad**: los explotadores de empresas alimentarias y de piensos deberán adoptar los medios para identificar a sus proveedores y a sus clientes y poner esta información a disposición de las autoridades competentes cuando así lo soliciten (art. 18).
- **Retirada y recuperación de los productos**: los explotadores de las empresas alimentarias deberán proceder de forma inmediata a la retirada del mercado de los productos si consideran o tienen motivos para pensar que los alimentos no cumplen los requisitos de seguridad, informará a los consumidores y a las autoridades competentes (art. 19).
- **Responsabilidades de los explotadores de empresas alimentarias y del sector de piensos**: Los explotadores se asegurarán en todas las etapas de la producción, la transformación y la distribución que tienen lugar bajo su control, de que los alimentos o los piensos cumplen los requisitos de la legislación alimentaria pertinentes a los efectos de sus actividades y verificaran que se cumplen dichos requisitos. Los Estados, por su parte, asegurarán la aplicación de la legislación, en particular, mediante un sistema de controles oficiales[115] (art. 20).

Para cumplir los principios que se recogen en este reglamento y para garantizar la seguridad alimentaria en toda la cadena, la Unión elaboró el denominado «Paquete higiénico»[116], el cual está compuesto por los siguientes hitos jurídicos:

- Reglamento (CE) n.º 852/2004 del Parlamento Europeo y del Consejo, de 29 de abril de 2004, relativo a la higiene de los productos alimenticios.

115 *Vid.* HERNANDO, I., «Patrimonio cultural y quesos artesanos: el paquete higiene y flexibilidad- barreras competitivas», en *RIIPAC: Revista sobre Patrimonio Cultural*, núm. 4, 2014, p. 134.

116 *Vid.* RIVERA, S., «Paquete de higiene desde el punto de vista de la producción primaria», en *MG Mundo ganadero*, vol. 16, núm. 180, 2005, p. 46.

- Reglamento (CE) n.º 853/2004 del Parlamento Europeo y del Consejo, de 29 de abril de 2004, por el que se establecen normas específicas de higiene de los alimentos de origen animal.
- Reglamento (CE) n.º 183/2005, por el que se fijan requisitos en materia de higiene de los piensos.
- Reglamento (UE) 2017/625, del Parlamento Europeo y del Consejo, de 15 de marzo de 2017, relativo a los controles y otras actividades oficiales realizados para garantizar la aplicación de la legislación sobre alimentos y piensos, y de las normas sobre salud y bienestar de los animales, sanidad vegetal y productos fitosanitarios.

Sentado lo anterior, conviene precisar que para nuestro estudio son importantes los tres primeros, en la medida en que en ellos se incluyen excepciones, adaptaciones y exclusiones en la aplicación del paquete de higiene en productos primarios, de origen animal y en piensos.

De esta forma, en primer lugar, el Reglamento (CE) n.º 852/2004 del Parlamento Europeo y del Consejo, de 29 de abril de 2004, relativo a la higiene de los productos alimenticios se detiene en el establecimiento de las normas generales destinadas a los operadores de empresa alimentaria en materia de higiene de los productos alimenticios. Lo relevante de este Reglamento en la materia que nos ocupa es su ámbito de aplicación, pues en su artículo 1.2. excluye la aplicación de la normativa en determinados supuestos como son:

a) *la producción primaria para uso doméstico privado*;

b) *la preparación, manipulación o almacenamiento domésticos de productos alimenticios para consumo doméstico privado*;

c) *el suministro directo por parte del productor de pequeñas cantidades de productos primarios al consumidor final o a establecimientos locales de venta al por menor para el abastecimiento del consumidor final*.

d) *los centros de recogida y tenerías que entran dentro de la definición de empresa del sector alimentario únicamente porque manipulan materias primas para la producción de gelatina o colágeno*.

Este precepto está en línea con lo establecido en el considerando (16) de la misma norma, pasaje el que se preconiza la necesidad de dotar de cierta flexibilidad al cumplimiento de este reglamento en aras de fomentar los métodos tradicionales en cualquiera de las fases de producción, transformación o distribución de alimentos y en relación con los requisitos estructurales de los establecimientos. Indicando, asimismo, que estas formas de comercialización son particularmente importantes para las regiones con limitaciones geográficas especiales[117].

117 La literalidad del considerando 16 del Reglamento (CE) n.º 852/2004 del Parlamento Europeo y del Consejo, de 29 de abril de 2004, relativo a la higiene de los productos alimenticios establece lo siguiente: «La flexibilidad también es conveniente para poder seguir

En nuestro caso de estudio interesa la excepción recogida en el apartado «c)» pues establece de forma clara la exclusión de la aplicación del paquete higiénico para: (i) el suministro directo por parte del productor de pequeñas cantidades de productos primarios al consumidor final; y (ii) los establecimientos locales de venta al por menor para el abastecimiento del consumidor final.

Igualmente relevante resulta el art. 13 de la misma norma, toda vez que contempla la aplicación de ciertas adaptaciones al señalar que:

> «[l]os Estados miembros podrán adoptar medidas nacionales de adaptación de los requisitos establecidos en el anexo II con arreglo a los apartados 4 a 7 siempre que no quede comprometida la realización de los objetivos del presente Reglamento [...] (a) Las medidas nacionales contempladas en el apartado 3 tendrán por objeto: (i) permitir seguir utilizando métodos tradicionales en cualquiera de las fases de producción, transformación o distribución de alimentos; o bien (ii) responder a las necesidades de las empresas del sector alimentario en regiones con limitaciones geográficas especiales; (b) En cualesquiera otras circunstancias, únicamente se aplicarán a la construcción, diseño y equipamiento de los establecimientos».

Por su parte, el Reglamento (CE) n.º 853/2004 del Parlamento Europeo y del Consejo, de 29 de abril de 2004, por el que se establecen normas específicas de higiene de los alimentos de origen animal contempla, de igual forma, un buen número de exclusiones y adaptaciones legales. A tal fin, de nuevo hace una exclusión del ámbito de aplicación de la norma en el artículo 1.3, en el que se indican los siguientes supuestos:

a) **la producción primaria para uso doméstico privado;**

b) **la preparación, manipulación o almacenamiento domésticos de productos alimenticios para consumo doméstico privado;**

c) **el suministro directo por parte del productor de pequeñas cantidades de productos primarios al consumidor final o a establecimientos locales de venta al por menor que suministran directamente al consumidor final;**

---

utilizando métodos tradicionales en cualquiera de las fases de producción, transformación o distribución de alimentos y en relación con los requisitos estructurales de los establecimientos. La flexibilidad es particularmente importante para las regiones con limitaciones geográficas especiales, incluidas las regiones ultraperiféricas a las que se refiere el apartado 2 del artículo 299 del Tratado. No obstante, la flexibilidad no debe poner en peligro los objetivos de higiene de los alimentos. Por otra parte, dado que todos los alimentos fabricados con arreglo a las normas de higiene circularán libremente en toda la Comunidad, el procedimiento por el que los Estados miembros puedan aplicar la flexibilidad debe ser completamente transparente. Debe preverse que, en caso necesario, para resolver discrepancias se mantendrá un debate en el seno del Comité Permanente de la Cadena Alimentaria y de Sanidad Animal, creado mediante el Reglamento (CE) n.º 178/2002».

d) **el suministro directo por parte del productor de pequeñas cantidades de carne procedente de aves de corral y lagomorfos sacrificados en la explotación al consumidor final o a establecimientos locales de venta al por menor que suministran directamente dicha carne como carne fresca al consumidor final;**

e) **el suministro directo por parte de los cazadores de pequeñas cantidades de caza silvestre o de carne de caza silvestre al consumidor final o a establecimientos locales de venta al por menor que suministran directamente al consumidor final.**

Es decir, dentro de las excepciones permitidas se debe incluir a los productos alimentarios de origen animal. En concreto para carne procedente de aves de corral y lagomorfos sacrificados en la explotación y carnes procedentes de la caza silvestre.

No obstante, las potencialidades del citado Reglamento transcienden más allá de los contornos propios concernientes al establecimiento de un cuadro de excepciones en las que no serán de aplicación los estándares contemplados en el acervo comunitario. En, efecto, el art. 10 de la misma norma permite desplegar una serie de modificaciones y adaptaciones acerca de los requisitos contemplados en su Anexo II (relativo a varios productos de origen animal) y en su Anexo III (requisitos específicos para carne de ungulados domésticos, carne de aves de corral y lagomorfos, carne de caza de cría, carne de caza silvestre, productos cárnicos, moluscos y bivalvos vivos, productos de la pesca, leche cruda y productos lácteos, huevos y ovoproductos, ancas de rana y caracoles, etc.).

De esta forma:

> «[l]os Estados miembros podrán adoptar medidas nacionales de adaptación de los requisitos del Anexo III con arreglo a los apartados 4 a 8 siempre que no comprometan los objetivos del presente Reglamento [...] (a) Las medidas nacionales mencionadas en el apartado 3 tendrán por objeto: (i) permitir seguir **utilizando métodos tradicionales** en cualquiera de las fases de producción, transformación o distribución de alimentos; o (ii) responder a las necesidades de las empresas del sector alimentario situadas en **regiones con condicionantes geográficos particulares**; o (b) en otras circunstancias, se aplicarán exclusivamente a la construcción, diseño y equipamiento de los establecimientos».

Finalmente, el Reglamento (CE) n.º 183/2005 del Parlamento Europeo y del Consejo, de 12 de enero de 2005, por el que se fijan requisitos en materia de higiene de los piensos también establece una excepción a los requisitos sanitarios que deben cumplir los piensos, en caso de suministro directo a nivel local. En el propio documento de orientación sobre la aplicación de determinadas disposiciones del Reglamento (CE) n.º 183/2005[118], por el que se fijan requisitos

118 *Vid.* COMISIÓN EUROPEA, *Documento de orientación sobre la aplicación de determinadas dispo-*

en materia de higiene de los piensos de la Comisión Europea, publicado por la Agencia Española de Seguridad Alimentaria y de Nutrición (AESAN), se establece lo siguiente:

> «El Reglamento sobre la higiene de los piensos no se aplica al suministro directo, a nivel local, de pequeñas cantidades de producción primaria de piensos por el productor a explotaciones agrícolas locales para su utilización en dichas explotaciones agrícolas.
>
> En virtud del artículo 2, apartado 3, del Reglamento sobre la higiene de los piensos, está en manos de los Estados miembros decidir con mayor detalle el concepto de «pequeñas cantidades» y establecer en virtud de la legislación nacional las normas y directrices necesarias para garantizar la seguridad de los piensos (enfoque basado en los riesgos).
>
> Los Estados **miembros** han regulado esta cuestión de diferentes formas de conformidad con los principios de proporcionalidad y subsidiariedad en función de sus condiciones y necesidades locales».

En resumen, lo que hace la legislación comunitaria es apostar abiertamente por la flexibilización de las disposiciones en materia sanitaria concediendo excepciones y adaptaciones en una serie de supuestos tasados:

- Se **exceptúa** la aplicación en el caso de suministros directos de pequeñas cantidades al consumidor final o a establecimientos de venta al por menor que venden al consumidor final en productos (primarios, de origen animal y piensos).
- Se permiten **adaptaciones** en el caso de seguir métodos tradicionales o ubicarse en regiones con condicionantes geográficos particulares.

5.1.2. Adaptaciones: los productos tradicionales

La definición de «tradicional» se recoge en el Reglamento (CE) n.º 1151/2012 del Parlamento Europeo y del Consejo, de 21 de noviembre de 2012, sobre los regímenes de calidad de los productos agrícolas y alimenticios, entendiendo por este el uso que se demuestre que se haya hecho en el mercado local durante un período de tiempo que permita su transmisión entre distintas generaciones; este período será de al menos 30 años (art. 3.3).

Los alimentos con características tradicionales son alimentos fabricados de manera tradicional en los Estados miembros y que, según el art. 7 del Reglamento (CE) n.º 2074/2005, son aquellos que:

> «a) son reconocidos históricamente como productos tradicionales; o
>
> b) son producidos de acuerdo con referencias técnicas registradas al proceso tradicional o siguiendo métodos de producción tradicionales; o bien

siciones del Reglamento (CE) n.º 183/2005, por el que se fijan requisitos en materia de higiene de los piensos, Bruselas, 2019, 28 pp. [2019/C 225/01]. Disponible en: https://acortar.link/fYk9qt.

c) son protegidos como productos alimenticios tradicionales por la legislación de la UE, nacional, regional o local».

Así pues, para incluir a los alimentos en esta categoría, si nos remitimos a la primera definición de alimento con características tradicionales del apartado a), es decir, «*reconocidos históricamente como productos tradicionales*», se entiende que dichos productos se han conservado en la costumbre de un área geográfica determinada durante un mínimo de 30 años, periodo que se considera suficiente para permitir la transmisión generacional.

En esta definición también podrían incluirse los productos que se elaboraron y se reconocieron como tradicionales, pero cuya producción se detuvo durante algún tiempo, es decir, los productos recuperados de tradiciones interrumpidas.

Para estos productos se permiten adaptaciones en materia higiénica, como ya apuntamos previamente.

5.1.2.1. ¿Qué es un método tradicional?

Para considerar que un método de producción es tradicional deberá presentar al menos las tres particularidades siguientes, que deberán ser demostradas documentalmente por los operadores:

- Método recogido en un documento escrito o transmitido oralmente, que serviría de referencia del proceso de fabricación.
- La materia prima principal utilizada es producida por el propio elaborador o se compra directamente a productores locales, salvo en aquellos casos en que la misma no se produzca de forma local.
- El proceso de producción está escasamente mecanizado y cuenta con un fuerte componente manual.

Hay que destacar que en este caso se hace referencia a métodos de producción tradicionales, que no tendrían que estar ligados a una zona geográfica concreta. Por tanto, se podría producir un alimento siguiendo un método de producción que tradicionalmente se ha seguido en una zona distinta de España.

5.1.2.2. ¿Cómo se demuestra el método tradicional?

Para poder demostrar que un producto se puede considerar tradicional según la definición del punto 1.a) del art. 7 del Reglamento (CE) n.º 2074/2005, se pueden utilizar distintos documentos:

- Normativa vigente o derogada, en la que se describa el producto, se reconozca como tradicional, y se haga referencia al método o tecnología de producción. Estas normativas pueden ser estatales, autonómicas o locales.

- Listas de productos de los organismos oficiales competentes en calidad o en desarrollo rural. Estas listas pueden ser actuales o históricas.
- Documentación comercial, documentación de calidad, documentación fotográfica, o cualquier otro tipo de documentación de una empresa que demuestre la transmisión entre generaciones de la elaboración del producto.
- Documentación técnica o histórica del establecimiento que describa el proceso de elaboración, y que demuestre que no se ha cambiado este proceso de obtención del producto durante años.
- Fotografías o cualquier otro documento aceptado por la autoridad competente que sirva de soporte documental de la transmisión oral del método de elaboración del área geográfica de que se trate.

Este régimen es muy flexible pues acepta varios cauces para atestiguar el carácter tradicional de un determinado producto.

5.1.2.3. Excepciones que pueden concederse

En primer lugar, pueden ser individuales o generales:

- **Excepciones individuales**: se otorgan a un establecimiento concreto que fabrica algún alimento o categoría de productos con características tradicionales. La flexibilidad no se hará extensiva a otros establecimientos ni a la elaboración de otros productos dentro del mismo establecimiento.
- **Excepciones generales**: se otorgan a todos los establecimientos que produzcan un alimento o categoría de productos con características tradicionales. La excepción está vinculada a dicha categoría de productos y cualquier establecimiento que lo produzca podría aplicar la excepción.

Para este tipo de alimentos, la legislación de la Unión Europea permite a los Estados miembros conceder excepciones a:

- Los requisitos generales en materia de higiene en los locales en los que estos productos están expuestos a un entorno necesario para el desarrollo de sus características (en especial, paredes, techos y puertas que no sean lisos, impermeables, no absorbentes, o hechos con materiales resistentes a la corrosión, y paredes, techos y suelos geológicos naturales).
- Las medidas de limpieza y desinfección de estos locales y la frecuencia con la que deberán llevarse a cabo con el fin de tener en cuenta la flora ambiental específica.
- Los requisitos relativos a los materiales con los que deben estar fabricados los instrumentos y el equipo usado específicamente para la

preparación, el envasado y el embalaje de dichos productos. Los instrumentos y equipos deberán mantenerse siempre en un estado de higiene satisfactorio y limpiarse y desinfectarse periódicamente.

5.2. El giro «verde» de las políticas europeas

Estas flexibilizaciones en la aplicación de la normativa de higiene tienen un claro objetivo: el fomento del comercio de proximidad en línea con los objetivos medioambientales del conjunto de la Unión. De un tiempo a esta parte la Unión Europea se ha marcado como objetivo conseguir una Europa climáticamente neutra en 2050, lo que exige desplegar una economía hipocarbónica. En la consecución de esta meta el sector agroalimentario tiene un papel muy relevante, pues este sector es uno de los más contaminantes[119].

---

119 Como señala acertadamente BARDAJÍ AZCÁRATE, I. (Coord.), *Indicadores de sostenibilidad en el sector agroalimentario*, Cajamar-Caja Rural, Madrid, 2022, p. 131; «[e]l análisis de los indicadores ambientales ha permitido comprobar que, aunque la agricultura española cada vez consume menos agua y energía, y la pérdida de suelo por erosión es menor, mantiene valores preocupantes en aspectos como las emisiones de Gases de Efecto Invernadero (GEI) o de contaminantes atmosféricos como el amoniaco, la contaminación de aguas superficiales y acuíferos o la sobreexplotación de estos. El agua constituye uno de los recursos más importantes para maximizar la productividad física y económica de la agricultura en España y para asegurar su contribución al desarrollo de amplias zonas del país. Por otra parte, su uso intensivo tiene consecuencias ambientales muy negativas como la contaminación, la salinización o la sobreexplotación de aguas superficiales y subterráneas, o el mayor consumo energético. Además, en un escenario de cambio climático, con mayor incidencia de las sequías y aumento de las temperaturas y, por tanto, donde se va a ver afectada la disponibilidad de recursos hídricos y la demanda de agua por los cultivos, resulta evidente la necesidad de disminuir su consumo, al mismo tiempo que se aumenta la eficiencia de los regadíos y la productividad del agua. En España, el consumo de agua por la agricultura es el más importante, con cerca del 70 % del consumo global, con una tendencia decreciente debido en gran parte a la modernización y transformación del regadío. Este descenso en el consumo se ha acompañado de un aumento de la superficie de regadío [...] Estos cambios responden también a la generalización del riego por goteo, que es ya el principal sistema de riego utilizado en el país, y a la transformación del olivar y viñedo, cultivos donde se ha localizado en gran medida el incremento de la superficie de regadío, con riego deficitario. Esto también ha tenido como consecuencia el aumento de la productividad del agua en estos cultivos tanto en términos físicos como económicos. A pesar de estos cambios positivos, la presión sobre los recursos hídricos en el sector agrario permanece alta, especialmente en verano y en las cuencas del sur y del este de España. En cuanto a la energía, el consumo directo de energías renovables en el sector agroalimentario es muy reducido, especialmente en el sector agrario, donde apenas llega al 3 % del consumo total de energía, frente al petróleo y derivados, que representan cerca del 80 %. Por otra parte, la producción de energía renovable por la agricultura aumenta tanto en términos absolutos como relativos [...] Los cambios en las prácticas agrarias, con una mayor intensificación y uso de fitosanitarios, han producido una pérdida de biodiversidad, que se ha traducido en una importante disminución de la población de aves que dependen de las tierras de cultivo en España, aunque en los últimos años se observa una mejora en este indicador».

Por ello, desde las Instituciones europeas se aboga por impulsar un cambio en el modelo agroalimentario imperante, mediante el fomento del consumo de productos ecológicos, de temporada y en proximidad. Para la consecución de este objetivo se han aprobado diversas estrategias y documentos programáticos, entre los que destacamos la Estrategia de la granja a la mesa y la Estrategia sobre Biodiversidad 2030, ambas aprobadas en mayo de 2020. Asimismo, conviene destacar que estas estrategias han tenido una influencia trascendental en la configuración del actual ciclo de programación de la Política Agraria Común (PAC).

5.2.1. La Estrategia de la granja a la mesa

El 20 de mayo de 2020 se aprueba la Estrategia «de la granja a la mesa: para un sistema alimentario justo, saludable y respetuoso con el medio ambiente» [COM(2020) 381 final]. En dicho documento se explicitan los objetivos que pretende conseguir la Unión Europea para este importante sector económico y entre los cuales dispone de un papel protagonista: (i) la reducción de la huella medioambiental y climática de su sistema alimentario; (ii) reforzar su resiliencia, garantizar la seguridad alimentaria frente al cambio climático y la pérdida de biodiversidad; y (iii) liderar una transición global hacia la sostenibilidad competitiva. Todo ello exige:

- Garantizar que la cadena alimentaria, que abarca la producción, el transporte, la distribución, la comercialización y el consumo de alimentos, tenga un impacto medioambiental neutro o positivo, y preservar y restablecer los recursos terrestres, de agua dulce y marinos de los que depende el sistema alimentario; contribuir a mitigar el cambio climático y a adaptarse a sus impactos; proteger la tierra, el suelo, el agua, el aire, la sanidad vegetal, y la salud y el bienestar de los animales; y revertir la pérdida de biodiversidad;
- Garantizar la seguridad alimentaria, la nutrición y la salud pública, velando por que todas las personas tengan acceso a alimentos nutritivos, sostenibles y en cantidad suficiente que cumplan niveles elevados de inocuidad, calidad, fitosanitarios y de salud y bienestar animal, y que respeten sus necesidades nutricionales y sus preferencias alimentarias.
- Preservar la asequibilidad de los alimentos, al tiempo que se genera un rendimiento económico más justo en la cadena de suministro, de manera que los alimentos más sostenibles sean también, en última instancia, los más asequibles, se fomenta la competitividad del sector del suministro de la UE, se promueve el comercio justo, se crean nuevas oportunidades de negocio, y se garantizan la integridad del mercado único y la seguridad e higiene en el trabajo.

En otras palabras, la Estrategia contiene objetivos declarados de configurar cadenas de suministro más cortas, así como sentar las bases de la senda hacia un sistema alimentario seguro y resiliente. El acortamiento de las cadenas de suministro es totalmente necesario para reducir la contaminación, pues se apunta en este documento la gran dependencia que posee el continente europeo respecto del transporte de larga distancia del sector agroalimentario.

5.2.2. La Estrategia sobre Biodiversidad para 2030

En la Estrategia de la Unión Europea sobre la Biodiversidad de aquí a 2030: reintegrar la naturaleza en nuestras vidas[120] además de abogar por conferir protección jurídica al 30 % de la superficie terrestre y marina de la Unión Europea, así como apostar por una protección estricta de una tercera parte de los espacios protegidos, incluidos todos los bosques primarios y maduros que quedan en su territorio[121], se reconoce el papel fundamental que tiene la cadena alimentaria en la protección y recuperación de la naturaleza. El enfoque de esta estrategia es utilizar la preservación de la biodiversidad como recurso económico[122]. Esto mismo es lo que ocurre con los canales cortos de comercialización, pues se pretende usar esta forma alternativa de producción, comercialización y consumo como oportunidad económica para las áreas rurales y al mismo tiempo como elemento protector de la biodiversidad y del medio ambiente.

5.2.3. La Política Agraria Común

La Política Agraria Común se ha encargado desde su creación de perfilar el modelo productivo agroalimentario de los Estados miembros. La PAC junto

120 Los antecedentes más inmediatos de este documento programático se encuentran en el informe publicado en el año 2013 por la Comisión Europea bajo el título «Infraestructura verde: mejora del capital natural de Europa» en el que se planteaba como objetivo estratégico la creación de un marco favorable para el fomento de la infraestructura verde en la Unión Europea, dentro del marco de los instrumentos políticos, jurídicos y de financiación existentes, instando además a los Estados miembros a desarrollar sus propias estrategias y a identificar y evaluar el estado de los ecosistemas y de sus servicios a escala nacional.

121 Se aspira, así mismo, a gestionar de una manera eficaz todos los espacios protegidos, definir medidas y objetivos claros de conservación y efectuar un seguimiento adecuado de ellos, se pone de manifiesto igualmente la necesidad de crear unas cadenas de suministro y unos hábitos de consumo más sostenibles con el planeta. *Vid.* COMISIÓN EUROPEA, *Estrategia de la Unión Europea sobre la Biodiversidad de aquí a 2030: reintegrar la naturaleza en nuestras vidas*, Bruselas, 2020, p. 2 [COM(2020) 380 final].

122 *Vid.* AMOEDO SOUTO, C. A., «COVID, medio ambiente y patrimonio natural: la quiebra del Derecho administrativo», en TOLIVAR ALAS, L., HUERGO LORA, A. y CANO CAMPOS, T., *El patrimonio natural en la era del cambio climático*, Instituto Nacional de Administración Pública, Madrid, 2022, p. 64.

con la globalización han contribuido al alargamiento de la cadena alimentaria. Desde sus inicios tras la Segunda Guerra Mundial, las ayudas de la PAC han configurado el sistema alimentario de cada etapa. Su primer objetivo fue asegurar el abastecimiento de alimentos tras la contienda, para ello otorgó ayudas directas a los agricultores, consiguiendo su objetivo final.

Desde entonces las ayudas han moldeado el sistema de producción, en ese momento hacia un modelo intervencionista y productivista. Actualmente este paradigma ha cambiado, pues la Unión Europea está guiada por la transición verde y digital. Esto tiene grandes implicaciones en nuestro sistema alimentario que está avanzando hacia una producción más sostenible empujada por las ayudas creadas a tal efecto.

El actual ciclo de programación de la PAC, que se aplicará de 2023 a 2027, conserva los elementos esenciales del modelo preexistente, pero pasa de ser una política basada en la descripción de los requisitos que deben cumplir los beneficiarios finales de las ayudas a ser una política orientada a la consecución de resultados concretos, vinculados a tres objetivos generales[123]:

a) Fomentar un sector agrícola inteligente, competitivo, resiliente y diversificado que garantice la seguridad alimentaria a largo plazo.

b) Apoyar y reforzar la protección del medio ambiente, incluida la biodiversidad, y la acción por el clima y contribuir a alcanzar los objetivos medioambientales y climáticos de la Unión, entre ellos los compromisos contraídos en virtud del Acuerdo de París.

c) Fortalecer el tejido socioeconómico de las zonas rurales.

Para lograr estos ambiciosos objetivos, el Pilar I de la PAC se dedica a las ayudas a los agricultores y ganaderos destinadas al primer nivel del sistema agroalimentario: el de la producción. La reforma aprobada en enero de 2023 ha incluido una perspectiva ambiental en cada una de las ayudas, tanto con condiciones obligatorias, como con compromisos verdes voluntarios.

Así las cosas, para este estudio es más relevante el Pilar II, dedicado al desarrollo rural. Este componente se incluye tras la entrada en vigor de la

123 Una de las principales novedades de la PAC 2023-2027 es que todos los Estados miembros deben contar con un Plan Estratégico de la PAC en el que se indiquen las intervenciones o medidas con las que se pretenden alcanzar los objetivos de la PAC y la ambición del Pacto Verde Europeo. El diseño de las intervenciones se basa en un análisis minucioso de las necesidades del sector agrario y el medio rural en su conjunto. De esta manera, se pretende que la PAC responda mejor a los retos presentes y futuros, como el cambio climático o el relevo generacional, sin dejar de apoyar a los agricultores para conseguir un sector agrícola sostenible y competitivo.
El 31 de agosto de 2022 la Comisión Europea aprobó el Plan Estratégico de la PAC de España (PEPAC), siendo uno de los primeros Estados miembros en lograr la aprobación del plan. *Vid.* MINISTERIO DE AGRICULTURA, PESCA Y ALIMENTACIÓN, *Plan Estratégico de la PAC de España*, Madrid, 2022, 3771 pp. Más información disponible en: https://acortar.link/8q5Qo7.

«Agenda 2000: por una Unión más fuerte y más amplia» como herramienta para garantizar el futuro de las zonas rurales europeas mediante la promoción de las medidas de acompañamiento, instauradas en 1992 (jubilación anticipada, medidas agroambientales y repoblación forestal), medidas de diversificación de las explotaciones agrícolas (ayuda para la transformación y comercialización de productos agrícolas, formación profesional, fomento y reconversión de la agricultura, etc.), y la adaptación estructural de las explotaciones y la instalación de jóvenes. El objetivo era incluir la perspectiva medioambiental y social de la mano de los territorios rurales pues estos juegan un papel fundamental en la conservación del medio ambiente y el desarrollo sostenible[124].

> En 2010, asistimos a la aprobación de la Resolución del Parlamento Europeo, de 7 de septiembre de 2010, sobre unos ingresos justos para los agricultores: mejorar el funcionamiento de la cadena de suministro de alimentos en Europa [2009/2237(INI)]. En este informe ya se hablaba de la importancia de las cadenas de suministro para la sostenibilidad y la mejora de la renta agrícola de agricultores y ganaderos. Igualmente se destacaba el papel de las normas de higiene de la Unión Europea en relación con la comercialización local.

Para analizar el tratamiento actual de los canales cortos de comercialización en el Pilar II de la PAC debemos acudir al Reglamento (UE) 2021/2115 del Parlamento Europeo y del Consejo, de 2 de diciembre de 2021, por el que se establecen normas en relación con la ayuda a los planes estratégicos

---

124 Esta idea de que las zonas rurales de la Unión Europea son una pieza esencial del proyecto de integración europeo se pone de relieve igualmente en los últimos instrumentos adoptados por las Instituciones europeas. *Vid.* FERNÁNDEZ DE GATTA SÁNCHEZ, D., «La nueva estrategia de la Unión Europea sobre las zonas rurales: pacto verde, visión a largo plazo y nueva Bauhaus», en *La Ley Unión Europea*, núm. 98, 2021, pp. 3 y ss.
Todo ello ha puesto de relieve la urgencia de repensar el tratamiento que, desde las instancias europeas, se hace de las áreas rurales y la conveniencia de revitalizar este preciado entorno. Este cambio de percepción de la ruralidad ha cristalizado finalmente en la presentación, el pasado 30 de julio de 2021, de la «Visión a largo plazo para las zonas rurales de la UE». En dicho documento la Comisión Europea afirma «que la función y la importancia de las zonas rurales están subestimadas e insuficientemente recompensadas» y reconoce explícitamente el valor de las zonas rurales como agentes activos en las transiciones verde y digital de la Unión Europea. En palabras de la propia Comisión Europea «a través de la producción sostenible de alimentos, la preservación de la biodiversidad y la lucha contra el cambio climático, desempeñan una función esencial para lograr el Pacto Verde de la Unión Europea, la Estrategia "De la Granja a la Mesa" y los objetivos en materia de biodiversidad. De forma paralela, el despliegue de nuevas tecnologías en las zonas rurales resultará indispensable para hacer realidad la década digital de Europa». *Vid.* DOMÍNGUEZ ÁLVAREZ, J. L., «Hacia el diseño de nuevos instrumentos para afrontar el reto demográfico y territorial: de la potestad de planificación de las Administraciones públicas a la transformación del ordenamiento jurídico», en FERNANDO PABLO, M. M. y DOMÍNGUEZ ÁLVAREZ, J. L. (Dirs.), *Rural Renaissance: Acción, Promoción y Resiliencia*, Thomson Reuters-Aranzadi, Cizur Menor, 2022, p. 115 y ss.

que deben elaborar los Estados miembros en el marco de la política agrícola común (planes estratégicos de la PAC), financiada con cargo al Fondo Europeo Agrícola de Garantía (FEAGA) y al Fondo Europeo Agrícola de Desarrollo Rural (FEADER), y por el que se derogan los Reglamentos (UE) n.º 1305/2013 y (UE) n.º 1307/2013 (en adelante, RPEPAC).

Dicha norma contempla, en primer término, la necesidad de potenciar estos canales cortos de comercialización. A este respecto, su considerando (25) es claro al señalar que:

> «[c]on el fin de apoyar una renta agrícola viable y la resiliencia del sector agrícola en todo el territorio de la Unión para mejorar la seguridad alimentaria a largo plazo, es necesario mejorar la posición de los agricultores en la cadena de valor, en particular mediante el impulso de formas de cooperación que beneficien a los agricultores y fomenten su participación, así como promoviendo las cadenas de suministro cortas y mejorando la transparencia del mercado».

Idéntica aspiración se positiva en el considerando (83):

> «[l]as ayudas deben permitir el establecimiento y la aplicación de la cooperación entre al menos dos entidades con vistas a lograr los objetivos de la PAC. Dichas ayudas deben poder abarcar todos los aspectos de dicha cooperación, tales como el establecimiento de regímenes de calidad y la realización de actividades de información y promoción de estos; la acción colectiva medioambiental y climática; la promoción de cadenas de suministro cortas y mercados locales; proyectos piloto; proyectos de grupos operativos en el marco de los proyectos de desarrollo local de la AEI, "pueblos inteligentes", clubes de compradores y cooperativas de maquinaria agrícola; las asociaciones agrícolas; los planes de gestión forestal; las redes y asociaciones empresariales; la agricultura social; la agricultura respaldada por la comunidad; las acciones dentro del ámbito de aplicación de la iniciativa Leader; y el establecimiento de agrupaciones de productores y organizaciones de productores, así como otras formas de cooperación consideradas necesarias para lograr los objetivos específicos de la PAC».

Tras la reforma de 2023 la forma de gobernanza de la PAC cambia sustancialmente, pasando de ser una política de obligación de medios a una herramienta de obligación de resultados. De esta forma, cada uno de los Estados miembros ha aprobado un Plan Estratégico negociado con la Comisión. En este Plan cada uno de los Estados miembros deberá especificar sus objetivos y definiciones propias, teniendo también una mayor responsabilidad en cuanto a los resultados. La trascendencia de este documento es crucial ya que de facto reemplazará a los añejos Programas autonómicos de Desarrollo Rural (PDR).

El Pilar II se articula en las denominadas intervenciones, que se definen en el art. 3.3 del RPEPAC como aquel «*instrumento de ayuda acompañado de una serie de condiciones de subvencionabilidad especificadas por un Estado miembro en su plan estratégico de la PAC, conforme a un tipo de intervención contemplado en el presente Reglamento*».

Dentro de las intervenciones del PEPAC las cadenas de distribución cortas se unen a la mejora del nivel de renta de los jóvenes agricultores, a una mejora de posición de los agricultores en la cadena alimentaria y a la vertebración territorial. El propio PEPAC indica lo siguiente:

> «En 2014-2020 hasta 17.989 explotaciones recibieron ayudas FEADER para participar en regímenes de calidad, mercados cortos, circuitos de distribución y agrupaciones y organizaciones de productores. Las medidas M3, M9 y M16 para cadenas cortas del periodo anterior ayudaron a alcanzar este objetivo previo al periodo de transición para lograr mejorar la posición del agricultor en la cadena de valor, siendo Cataluña, Galicia, País Vasco y Castilla-La Mancha algunas de las autoridades de gestión regionales que decidieron potenciar el asociacionismo y la mejora de la capacidad de negociación del agricultor empleando estas medidas y figuras de calidad. En el periodo 2023-2027 serán las intervenciones 7131 7132 7191 7163 las que busquen seguir cubriendo las necesidades relacionadas con este indicador, que contará con la sinergia de las medidas sectoriales que se pongan en marcha. La mayoría de las regiones siguen apoyando la programación de estas medidas, excepto, de las citadas anteriormente, Cataluña que realizará actuaciones fuera del Plan estratégico. Sin embargo, otras CCAA como Andalucía o Extremadura han decidido potenciar estas intervenciones de manera significativa para apoyar a sus regímenes de calidad y cadenas cortas con fondos FEADER».

VI

EXAMEN DE LAS REFERENCIAS AL COMERCIO DE PROXIMIDAD CONTENIDAS EN LA LEGISLACIÓN NACIONAL

Examinado el compendio de normas que conforman el Paquete de Higiene, es pertinente y pertinaz recordar que con fecha 14 de diciembre de 2019 entró en vigor el Reglamento (UE) 2017/625, del Parlamento Europeo y del Consejo, de 15 de marzo de 2017, relativo a los controles y otras actividades oficiales realizados para garantizar la aplicación de la legislación sobre alimentos y piensos, y de las normas sobre salud y bienestar de los animales, sanidad vegetal y productos fitosanitarios[125]. Por su parte, el 21 de abril de 2021 se produjo la plena aplicación del Reglamento (UE) 2016/429, del Parlamento Europeo y del Consejo, de 9 de marzo de 2016, relativo a las enfermedades transmisibles de los animales y por el que se modifican o derogan algunos actos en materia de sanidad animal; mientras que el Reglamento (UE) 2016/2031 del Parlamento Europeo y del Consejo, de 26 de octubre de 2016, relativo a las medidas de protección contra las plagas de los vegetales, transformaciones del acervo comunitario que representan un desafío sin precedentes para el Derecho interno en su conjunto y, en singular para la ordenación normativa en la materia de buena parte de las Comunidades

125 No debe olvidarse que la adopción de este importante instrumento jurídico trajo consigo un importante tsunami normativo, toda vez que promueve la modificación de los Reglamentos (CE) n.° 999/2001, (CE) n.° 396/2005, (CE) n.° 1069/2009, (CE) n.° 1107/2009, (UE) n.° 1151/2012, (UE) n.° 652/2014, (UE) 2016/429 y (UE) 2016/2031 del Parlamento Europeo y del Consejo, los Reglamentos (CE) n.° 1/2005 y (CE) n.° 1099/2009 del Consejo, y las Directivas 98/58/CE, 1999/74/CE, 2007/43/CE, 2008/119/CE y 2008/120/CE del Consejo, al tiempo que representa la derogación de otro importante conglomerado de normas comunitarias, entre las que se encuentran los Reglamentos (CE) n.° 854/2004 y (CE) n.° 882/2004 del Parlamento Europeo y del Consejo, las Directivas 89/608/CEE, 89/662/CEE, 90/425/CEE, 91/496/CEE, 96/23/CE, 96/93/CE y 97/78/CE del Consejo y la Decisión 92/438/CEE del Consejo (Reglamento sobre controles oficiales).

Autónomas, lo que produce una afectación directa para el despliegue de la industria agroalimentaria en su compleción.

6.1. Real Decreto 1086/2020, de 9 de diciembre, por el que se regulan y flexibilizan determinadas condiciones de aplicación de las disposiciones de la Unión Europea en materia de higiene de la producción y comercialización de los productos alimenticios

Como se ha puesto de relieve con anterioridad, la legislación europea delega en los Estados miembros el establecimiento de su respectivo cuadro de adaptaciones y flexibilizaciones, en virtud de sus características y particularidades propias, con el propósito de cumplir las previsiones y exigencias establecidas en el Paquete de Higiene. Ante esta tesitura, recientemente el Gobierno de España adoptó el Real Decreto 1086/2020, de 9 de diciembre, por el que se regulan y flexibilizan determinadas condiciones de aplicación de las disposiciones de la Unión Europea en materia de higiene de la producción y comercialización de los productos alimenticios y se regulan actividades excluidas de su ámbito de aplicación. Dicha norma incorpora una serie de importantes transformaciones normativas que permiten dinamizar la economía local de las áreas rurales a través del despliegue, en su plenitud, de las múltiples posibilidades que el acervo comunitario en materia de seguridad y calidad alimentaria otorga a los Estados miembros a la hora de modular los requisitos estructurales de los establecimientos, para poder seguir utilizando métodos tradicionales en la producción, o para responder a las necesidades de las empresas situadas en regiones con condicionantes geográficos particulares, lo que contribuye significativamente a facilitar el comercio de proximidad, sin que ello suponga menoscabo alguno de los objetivos de higiene contemplados en dichos reglamentos.

En esta norma se regulan las excepciones, adaptaciones y exclusiones permitidas, organizándose estos contenidos de la siguiente manera:

Excepciones y adaptaciones	Productos tradicionales (excepción)	Arts. 3 y 4
Excepciones y adaptaciones	Pequeños mataderos (adaptación)	Arts. 5-16

<table>
<tr><td rowspan="5">Exclusiones</td><td rowspan="5">Suministro directo</td><td>Carne</td><td>Art. 19
(art. 21, 22, 23 24, 25 y 26)</td></tr>
<tr><td rowspan="3">Productos primarios
Reglamento (CE) n.º 852/2004 del Parlamento Europeo y del Consejo, de 29 de abril de 2004
Real Decreto 9/2015, de 16 de enero, por el que se regulan las condiciones de aplicación de la normativa comunitaria en materia de higiene en la producción primaria agrícola.</td><td>Setas: artículo 6 del Real Decreto 30/2009, de 16 de enero, por el que se establecen las condiciones sanitarias para la comercialización de setas para uso alimentario.</td></tr>
<tr><td>Productos primarios de origen animal (huevos, miel o caracoles): Reglamento (CE) n.º 852/2004 del Parlamento Europeo y del Consejo, de 29 de abril de 2004, y en particular en su anexo I, de la parte que le sea de aplicación del Reglamento (CE) n.º 853/2004, del Parlamento Europeo y del Consejo, de 29 de abril de 2004 y a lo establecido en este real decreto.</td></tr>
<tr><td>Pesca y acuicultura: Real Decreto 418/2015, de 29 de mayo, por el que se regula la primera venta de los productos pesqueros.
En ningún caso se permite el suministro directo de moluscos bivalvos vivos, equinodermos, tunicados y gasterópodos marinos vivos por parte del productor primario al consumidor final, ni a establecimientos de comercio al por menor.</td></tr>
<tr><td>Leche</td><td>Art. 27 y 28</td></tr>
</table>

6.1.1. Excepciones y adaptaciones para flexibilizar los requisitos de los reglamentos de higiene para determinados tipos de establecimientos y productos

6.1.1.1. Aplicables a los productos tradicionales

La Unión Europea considera que los productos alimenticios tradicionales son un elemento valioso e insustituible de los Estados miembros y, por tanto, también de la Unión Europea. Ya se analizó previamente cual era el tratamiento de estos productos, qué debe entenderse por ellos y el procedimiento de solicitud, por lo que solo haremos una breve referencia a lo dispuesto en la normativa nacional.

Así las cosas, el Real Decreto 1086/2020, de 9 de diciembre, establece una serie de definiciones, incluyendo qué debemos entender por alimentos con características tradicionales (art. 2):

> «[a]limentos que, en la comunidad autónoma donde son producidos tradicionalmente, son reconocidos históricamente como productos tradicionales, o producidos de acuerdo con referencias técnicas codificadas o registradas al proceso tradicional o siguiendo métodos de producción tradicionales, o bien protegidos como productos alimenticios tradicionales por una norma comunitaria, nacional, regional o local».

De esta forma, como podemos observar en la normativa nacional se hace una especial referencia a las Comunidades Autónomas, toda vez que se establece una vinculación directa entre el territorio y esta tipología de productos tradicionales, circunstancia que en última instancia justificará el protagonismo que están llamadas a cobrar las Instituciones autonómicas en el despliegue de este régimen jurídico del comercio de proximidad consistente en la articulación de una serie de excepciones, flexibilizaciones y adaptaciones normativas.

En este sentido, el art. 3 del Real Decreto 1086/2020, de 9 de diciembre, señala a propósito de los establecimientos que producen alimentos con características tradicionales que:

> «1. Las excepciones concedidas a los establecimientos que producen alimentos con características tradicionales conforme a lo establecido en el artículo 7.2 del Reglamento (CE) n.º 2074/2005 de la Comisión, de 5 de diciembre de 2005, podrán ser individuales, si se otorgan a un establecimiento concreto que fabrica algún alimento o categoría de productos con características tradicionales, o generales, en el caso de que la excepción se conceda a todos los establecimientos que produzcan un alimento o categoría de productos con características tradicionales.
>
> 2. La Agencia Española de Seguridad Alimentaria y Nutrición llevará a cabo la comunicación prevista en el artículo 7.3 del Reglamento (CE) n.º 2074/2005, de la Comisión, de 5 de diciembre de 2005. Para ello, las autoridades competentes de las comunidades autónomas remitirán a la Agencia Española de Seguridad Alimentaria y Nutrición una notificación en la que incluirán la información a la que se hace referencia en el citado artículo. En el caso de las excepciones generales, serán las entidades o asociaciones representativas del sector solicitantes las que remitan esta información directamente a la Agencia Española de Seguridad Alimentaria y Nutrición, sin perjuicio de la información adicional que pueda ser proporcionada por las autoridades competentes.

3. La Agencia Española de Seguridad Alimentaria y Nutrición mantendrá un listado público actualizado de las excepciones concedidas para establecimientos que producen alimentos con características tradicionales.

4. La Agencia Española de Seguridad Alimentaria y Nutrición, en colaboración con las autoridades competentes, elaborará una guía para facilitar la correcta aplicación de este artículo».

De este precepto podemos extraer que las excepciones que pueden concederse pueden ser individuales o generales:

- **Excepciones individuales**: se otorgan a un establecimiento concreto que fabrica algún alimento o categoría de productos con características tradicionales. La flexibilidad no se hará extensiva a otros establecimientos ni a la elaboración de otros productos dentro del mismo establecimiento. Para la puesta en marcha de estas excepciones normativas es preciso que las Comunidades Autónomas remitan la información pertinente a la Agencia Española de Seguridad Alimentaria y Nutrición (AESAN).
- **Excepciones generales**: se otorgan a todos los establecimientos que produzcan un alimento o categoría de productos con características tradicionales. La excepción está vinculada a dicha categoría de productos y cualquier establecimiento que lo produzca podría aplicar la excepción. En este caso la información deberá ser transmitida a la AESAN por las entidades o asociaciones representativas del sector.

A este respecto, la AESAN tendrá una doble función. Por un lado, mantener un listado actualizado de las excepciones concedidas y, por otro, la elaboración de guías para facilitar el cumplimiento de esta normativa.

Para poder acogerse al régimen de adaptaciones normativas deberá seguirse el procedimiento que se detalla en el art. 4 del Real Decreto 1086/2020, de 9 de diciembre:

«1. Para la concesión de adaptaciones de los requisitos establecidos en el anexo II del Reglamento (CE) n.º 852/2004 del Parlamento Europeo y del Consejo, de 29 de abril de 2004, de conformidad con lo establecido en su artículo 13.3 o en el anexo III del Reglamento (CE) n.º 853/2004, del Parlamento Europeo y del Consejo, de 29 de abril de 2004, de conformidad con lo establecido en su artículo 10.3, las autoridades competentes de las comunidades autónomas remitirán a la Agencia Española de Seguridad Alimentaria y Nutrición una solicitud en la que incluirán la información referida en el artículo 13.5, letras a) a c) del Reglamento (CE) n.º 852/2004 del Parlamento Europeo y del Consejo, de 29 de abril de 2004, o en el artículo 10.5 letras a) a c) del Reglamento (CE) n.º 853/2004 del Parlamento Europeo y del Consejo, de 29 de abril de 2004, así como cualquier otra información pertinente que sea requerida por la Agencia Española de Seguridad Alimentaria y Nutrición.

2. La Agencia Española de Seguridad Alimentaria y Nutrición, junto con las autoridades competentes de las comunidades autónomas, valorará las adaptaciones propuestas realizando, cuando proceda, una evaluación del riesgo y estableciendo, en su caso, las medidas nacionales de adaptación de los requisitos solicitados.

3. La Agencia Española de Seguridad Alimentaria y Nutrición, previamente a la adopción de estas medidas, las notificará a la Comisión Europea y a los demás Estados miembros, debiendo proceder conforme a lo establecido en el artículo 13.5 del Reglamento (CE) n.° 852/2004 del Parlamento Europeo y del Consejo, de 29 de abril de 2004, o en el artículo 10.5 del Reglamento (CE) n.° 853/2004 del Parlamento Europeo y del Consejo, de 29 de abril de 2004, según corresponda».

De este precepto podemos extraer que serán las Comunidades Autónomas las que deberán informar a la AESAN de las propuestas de adaptaciones normativas en virtud de sus particularidades productivas. Todo ello exige que Castilla y León no solo deba ser diligente a la hora de aceptar las solicitudes de iniciativa particular, sino que debería fomentar que productos tradicionales que se producen de forma informal tengan este reconocimiento oficial, para aportar tanto seguridad alimentaria para los consumidores, como seguridad jurídica a los productores.

Actualmente Castilla y León tiene aprobados 14 alimentos con adaptaciones por ser productos tradicionales (Anexo I), entre los que se encuentran el botillo, la cecina, determinados embutidos curados tradicionales (chorizo, salchichón y lomo), así como productos cárnicos adobados y curados. Por su parte, la AESAN ha aprobado un documento de orientación sobre las excepciones para alimentos con características tradicionales (Anexo II).

6.1.1.2. De aplicación a los pequeños mataderos

Los pequeños mataderos pueden acogerse a excepciones y adaptaciones (art. 5), incluyendo los mataderos móviles, y aquellos que solamente faenan animales sacrificados de urgencia fuera de los mataderos para los que la norma establece ciertas medidas de flexibilidad específicas, permitiendo excepciones y adaptaciones estructurales y de funcionamiento adecuadas a su pequeño tamaño, con la finalidad de adaptar las exigencias normativas en materia de seguridad y calidad alimentaria a la realidad funcional de este tipo de establecimientos.

De igual forma, el art. 6 del Real Decreto 1086/2020, de 9 de diciembre, permite el sacrificio de aves de corral y caza de granja fuera del matadero, siempre y cuando se cumplan los requisitos establecidos en el anexo III del Reglamento (CE) n.° 853/2004, del Parlamento Europeo y del Consejo, de 29 de abril de 2004, así como la evisceración parcial de determinados ungulados, aves y lagomorfos siempre que se cumplan ciertas condiciones enunciadas en el art. 7 de la norma objeto de estudio.

Por otro lado, se admite el transporte de patas de ungulados desde un matadero sin desollar, lavar o depilar, haciendo uso de la habilitación establecida mediante el Reglamento (UE) n.º 1137/2014 de la Comisión, de 27 de octubre de 2014, por el que se modifica el anexo III del Reglamento (CE) n.º 853/2004 del Parlamento Europeo y del Consejo en lo que respecta a la manipulación de determinados despojos de animales destinados al consumo humano (art. 9).

Así mismo, las dimensiones y caracteres de la marca sanitaria de corderos, cabritos y lechones podrán reducirse utilizándose un sello de 4,5 cm de anchura y 3 cm de altura. Las letras y cifras tendrán como mínimo una altura de 0,6 y 0,8 cm, respectivamente (art. 10).

También se autoriza el uso de leche de rebaños que no cumplen determinados requisitos de sanidad animal en determinadas condiciones, así como el uso de leche que no cumple determinados criterios de células somáticas o gérmenes, siempre y cuando se cumplan una serie de garantías sanitarias adicionales tales como la realización de tratamientos térmicos, el establecimiento de amplios procesos de maduración de productos derivados lácteos, etc. (art. 12). Finalmente, se establecen criterios más flexibles en cuanto a la temperatura de transporte de la carne para la producción de productos específicos (art. 16).

Adicionalmente, se establecen los mismos requisitos de higiene para el sacrificio de los animales lidiados y de los animales que por su peligrosidad no puedan ser trasladados a matadero, que para los animales sacrificados de urgencia fuera del matadero, añadiéndose para los primeros una serie de requisitos adicionales, teniendo en cuenta las características particulares de estos sacrificios.

Así mismo, se regula la posibilidad de que la autoridad competente autorice el corte de las canales de cerdos domésticos y de caballos antes de conocer los resultados del análisis para la detección de triquinas (art. 14), y se dispone en qué condiciones puede concederse dicha autorización, haciendo uso de lo establecido en el Reglamento de Ejecución (UE) 2015/1375 de la Comisión, de 10 de agosto de 2015, por el que se establecen normas específicas para los controles oficiales de la presencia de triquinas en la carne.

Finalmente, el art. 15 del Real Decreto 1086/2020, de 9 de diciembre, establece las condiciones excepcionales en las que la autoridad competente puede autorizar, caso a caso, que los mataderos y los establecimientos que produzcan carne picada, preparados de carne y carne fresca de aves de corral en pequeñas cantidades sean eximidos de la aplicación de las frecuencias de muestreo establecidas en el Reglamento (CE) n.º 2073/2005 de la Comisión, de 15 de noviembre de 2005, relativo a los criterios microbiológicos aplicables a los productos alimenticios, de acuerdo con la previsión establecida en el mismo.

6.1.2. Exclusiones: consumo doméstico privado y suministro directo

El Capítulo III del Real Decreto 1086/2020, de 9 de diciembre, se encarga de regular las actividades excluidas del ámbito de aplicación de los reglamentos de higiene, distinguiendo dos modalidades: (i) el consumo doméstico privado; y (ii) el suministro directo por parte del productor de pequeñas cantidades de determinados productos al consumidor final o a establecimientos locales de venta al por menor para el abastecimiento del consumidor final.

En este punto, conviene señalar que la normativa comunitaria permite y exige a los Estados miembros establecer las normas que rigen el suministro por el productor de pequeñas cantidades de productos primarios al consumidor final o a establecimientos locales de venta al por menor, como se desprende del mandato contenido en el art. 1.3 del Reglamento (CE) 852/2004 del Parlamento Europeo y del Consejo, de 29 de abril de 2004, relativo a la higiene de los productos alimenticios.

6.1.2.1. Carne

En lo que respecta al consumo doméstico privado, el Real Decreto 1086/2020, de 9 de diciembre, regula el sacrificio de ungulados domésticos para consumo doméstico privado en términos similares a los establecidos en el Real Decreto 640/2006, de 26 de mayo, debiendo las autoridades competentes determinar las condiciones para su realización, teniendo en cuenta el cumplimiento de las disposiciones en relación con los subproductos y el bienestar de los animales (art. 18).

Debido al riesgo que supone la triquinosis, en el caso de especies sensibles a la triquina (porcina y equina), incluidas las de caza destinadas al autoconsumo, se deberán someter a un análisis de detección de triquina antes de su consumo, utilizando alguno de los métodos establecidos en los capítulos I y II del anexo I y, en su caso, en el anexo III del Reglamento de Ejecución (UE) 2015/1375 de la Comisión, de 10 de agosto de 2015.

En relación al suministro directo, el art. 19 del Real Decreto 1086/2020, de 9 de diciembre, contempla los requisitos para el suministro directo por parte del productor de pequeñas cantidades de carne procedente de aves de corral y lagomorfos sacrificados en la explotación al consumidor final o a establecimientos locales de venta al por menor que suministran directamente dicha carne al consumidor final que, de acuerdo con el Real Decreto 640/2006, de 26 de mayo, por el que se regulan determinadas condiciones de aplicación de las disposiciones comunitarias en materia de higiene, de la producción y comercialización de los productos alimenticios quedaban restringidos al consumo doméstico privado, con excepción de las aves destinadas a la producción de foie gras.

De igual forma, se establecen los requisitos para que, en determinados casos, los cazadores puedan suministrar pequeñas cantidades de carne de caza mayor silvestre al consumidor final o a establecimientos locales de venta al por menor que suministran directamente al consumidor final, de manera que se ofrezcan garantías sanitarias suficientes.

Finalmente, el Capítulo IV, incorpora un conglomerado de medidas tendentes a garantizar la correcta aplicación en España de los reglamentos de higiene. Así, se regulan los requisitos para la evisceración de las piezas de caza silvestre en el campo y la posterior obtención de su carne en establecimientos de manipulación de caza (art. 21), teniendo en cuenta que la correcta gestión de los animales abatidos facilitará la obtención posterior de una carne en mejores condiciones sanitarias y que, además, la correcta gestión de los subproductos tendrá una incidencia directa en el control de enfermedades que afectan a los animales y a las personas.

También se permite que los propios cazadores puedan realizar entregas directas a los establecimientos de manipulación de caza para su inspección sanitaria y posterior comercialización, estableciendo unos requisitos que aseguren alcanzar los objetivos de seguridad previstos en los reglamentos de higiene (art. 22).

Con ello, se favorece el aprovechamiento de piezas de caza silvestre cobradas en ciertas modalidades, que en la actualidad no están siendo objeto de comercialización, optimizando con ello el aprovechamiento de los recursos cinegéticos. De igual modo, se amplía el ámbito de comercialización de la carne de ungulados domésticos sacrificados de urgencia fuera de los mataderos, atendiendo a los requisitos establecidos en el anexo III del Reglamento (CE) n.º 853/2004, del Parlamento Europeo y del Consejo, de 29 de abril de 2004.

En relación con la información alimentaria, y conforme al art. 25 del Real Decreto 1086/2020, de 9 de diciembre, se exige que determinados tipos de carne lleven un rótulo en el que se indique que los productos han de cocinarse antes de su consumo.

Así mismo, el art. 27 del Real Decreto 1086/2020, de 9 de diciembre, establece una serie de requisitos para la leche cruda destinada a la venta directa al consumidor, adicionales a los de los Reglamentos del Paquete de Higiene, como son: (i) la exigencia de que el establecimiento esté autorizado e inscrito en el Registro General de Empresas Alimentarias y Alimentos; (ii) el cumplimiento de unos criterios microbiológicos; (iii) la presentación para la venta al consumidor envasada; y (iv) determinadas menciones obligatorias en el etiquetado informando de la necesidad de someterla a tratamiento térmico y de conservarla entre uno y cuatro grados centígrados y ciertas limitaciones de su uso como materia prima.

6.1.2.2. Pesca y acuicultura

Respecto a la pesca y la acuicultura debemos partir de la prohibición absoluta que hace la norma del suministro directo de moluscos bivalvos vivos, equinodermos, tunicados y gasterópodos marinos vivos por parte del productor primario al consumidor final, prohibición que se hace extensiva a la venta destinada a establecimientos de comercio al por menor.

Salvando estos productos, el Real Decreto 1086/2020 nos remite al Real Decreto 418/2015, de 29 de mayo, por el que se regula la primera venta de los productos pesqueros, norma que tiene por objeto regular la primera venta de los productos pesqueros, entendidos como tales los procedentes de la pesca extractiva marítima y de aguas continentales, el marisqueo, la acuicultura y la producción de algas, así como la recolección de sargazos (art. 1).

Este tipo de productos en el supuesto de Castilla y León no tienen mucha relevancia al tratarse de una Comunidad de interior en la que solo es relevante la pesca de agua continental, por lo que no se desarrollará este punto.

6.1.2.3. Productos primarios

Esta tipología de productos se regula en el art. 20 del Real Decreto objeto de estudio, que indica lo siguiente:

> «1. Cualquier suministro directo por parte del productor o recolector de productos primarios agrícolas estará sujeto al cumplimiento de lo establecido en el Reglamento (CE) n.° 852/2004 del Parlamento Europeo y del Consejo, de 29 de abril de 2004. De manera adicional, también estará sujeto al cumplimiento de lo establecido en el Real Decreto 9/2015, de 16 de enero, por el que se regulan las condiciones de aplicación de la normativa comunitaria en materia de higiene en la producción primaria agrícola.
>
> 2. Cualquier suministro directo por parte del productor o recolector de setas estará sujeto al cumplimiento de lo establecido en el Reglamento (CE) n.° 852/2004 del Parlamento Europeo y del Consejo, de 29 de abril de 2004. De manera adicional, también estará sujeto al cumplimiento de lo establecido en el artículo 6 del Real Decreto 30/2009, de 16 de enero, por el que se establecen las condiciones sanitarias para la comercialización de setas para uso alimentario.
>
> 3. Cualquier suministro directo por parte del productor o recolector de productos primarios de origen animal tales como huevos, miel o caracoles al consumidor final o a establecimientos de comercio al por menor que suministran directamente al consumidor final, estará sujeto al cumplimiento de lo establecido en el Reglamento (CE) n.° 852/2004 del Parlamento Europeo y del Consejo, de 29 de abril de 2004, y en particular en su anexo I, de la parte que le sea de aplicación del Reglamento (CE) n.° 853/2004, del Parlamento Europeo y del Consejo, de 29 de abril de 2004 y a lo establecido en este real decreto.

De manera adicional, el suministro directo de productos de la pesca y de la acuicultura por parte del productor deberá realizarse de acuerdo con las precisiones contenidas en el Real Decreto 418/2015, de 29 de mayo, por el que se regula la primera venta de los productos pesqueros. En ningún caso se permite el suministro directo de moluscos bivalvos vivos, equinodermos, tunicados y gasterópodos marinos vivos por parte del productor primario al consumidor final, ni a establecimientos de comercio al por menor.

4. La Agencia Española de Seguridad Alimentaria y Nutrición, en colaboración con el Ministerio de Agricultura, Pesca y Alimentación y las demás autoridades competentes establecerá requisitos específicos y desarrollará guías para facilitar la correcta aplicación de las disposiciones previstas en este artículo».

A) Productos primarios agrícolas

Así las cosas, en lo que respecta a los productos primarios agrícolas, el art. 20.1 nos remite al Reglamento n.º 852/2004 del Parlamento Europeo y del Consejo, de 29 de abril de 2004 y al Real Decreto 9/2015, de 16 de enero, por el que se regulan las condiciones de aplicación de la normativa comunitaria en materia de higiene en la producción primaria agrícola.

A este respecto, conviene recordar que el Reglamento n.º 852/2004 ya fue analizado previamente y lo que establecía era una exclusión del ámbito de aplicación del Paquete de Higiene en el supuesto de producción primaria para consumo doméstico o en el supuesto de suministros directos por el productor de pequeñas cantidades de producto al consumidor final o a establecimientos locales de venta al por menor para el abastecimiento del consumidor final. Por lo que debemos concluir que no serán de aplicación las normas de higiene.

En lo referido al Real Decreto 9/2015, esta norma crea y regula el Registro General de la Producción Agrícola, que se constituirá como una suma de los distintos Registros Autonómicos. Solo se excluye de este registro a quiénes destinen su producción al consumo doméstico privado. Es decir, en el caso de vender productos primarios a través de esta modalidad que la norma denomina «*suministros directos*» los agricultores deberán inscribirse en el Registro General de la Producción Agrícola.

B) Productos micológicos

En lo que atañe a los productos micológicos, el art. 20.2 de la norma objeto de estudio nos remite al Reglamento (CE) n.º 852/2004 del Parlamento Europeo y del Consejo, de 29 de abril de 2004 y al art. 6 del Real Decreto 30/2009, de 16 de enero, por el que se establecen las condiciones sanitarias para la comercialización de setas para uso alimentario. En lo referido al reglamento nos remitimos a lo establecido anteriormente.

Respecto a la normativa nacional a la que alude, expresa lo siguiente:

«[c]ualquier suministro directo por parte del productor o recolector, incluido el de pequeñas cantidades de setas, estará sujeto al cumplimiento de lo establecido en el Reglamento (CE) n.º 852/2004 y en este real decreto.

Asimismo, cualquier suministro directo por parte del productor o recolector, al consumidor final o a establecimientos locales de comercio al por menor que abastecen al consumidor final, deberá cumplir, además, las siguientes condiciones:

a) En el caso de **suministro directo de setas al consumidor final**:

1.º Sólo se podrá realizar el suministro directo de setas al consumidor final, por parte del productor o recolector, en los casos y condiciones que establezca la autoridad competente[126] en el ámbito del Real Decreto 1010/1985, de 5 de junio, o mediante la normativa de desarrollo que puedan establecer las comunidades autónomas.

2.º Cuando se autorice este tipo de suministro, la autoridad competente elaborará una lista de las setas que pueden ser objeto del mismo, en la que sólo podrán incluirse especies recogidas en las partes A[127] y B[128] del anexo.

Para la elaboración de la lista de especies autorizadas para el suministro directo por parte del productor o recolector al consumidor, las autoridades competentes deberán tener en cuenta los conocimientos y la generalización del consumo de determinadas especies en cada región, así como los riesgos de confusión con especies tóxicas.

b) En el caso de **suministro directo de setas a establecimientos locales de comercio al por menor que abastecen al consumidor final**:

1.º Los explotadores de establecimientos locales de comercio al por menor que abastecen al consumidor final realizarán su aprovisionamiento de setas a través de canales de comercialización autorizados.

2.º Las comunidades autónomas podrán autorizar el suministro directo de setas, por parte del productor o recolector, a establecimientos locales de comercio al por

126 En nuestro país las autoridades competentes serán elegidas por las diferentes CCAA.

127 Agaricus campestris; agaricus sylvaticus; agrocybe aegerita (cylindracea); amanita caesarea, con la volva abierta; amanita ponderosa; boletus aereus; boletus edulis; boletus pinophilus (pinicola); boletus reticulatus; calocybe gambosa; cantharellus cibarius; cantharellus cinereus; cantharellus lutescens; cantharellus tubaeformis; cantharellus subpruinosus; clitocybe geotropa; craterellus cornucopioides; fistulina hepática; higrocybe pratensis; hydnum albidum; hydnum repandum; hydnum rufescens; hygrophorus agathosmus; hygrophorus gliocyclus; hygrophorus latitabundus (limacinus); hygrophorus marzuolus; hygrophorus penarius; hygrophorus russula; lactarius deliciosus; lactarius quieticolor; lactarius salmonicolor; lactarius sanguifluus; lactarius semisanguifluus; lepista panaeolus (luscina); lepista nuda; lepista personata; macrolepiota procera; marasmius oreades; pleurotus eryngii; pleurotus ostreatus; rhizopogon luteolus (obtextus); rhizopogon roseolus; russula cyanoxantha; russula virescens; suillus luteus; terfezia arenaria; terfezia claveryi; terfezia leptoderma; tricholoma portentosum; tricholoma terreum; tuber aestivum; tuber borchii; tuber brumale; tuber indicum; tuber magnatum; tuber melanosporum (nigrum); ustilago maydis; xerocomus badius (boletus badius).

128 Agaricus arvensis; agaricus bisporus; agaricus bitorquis; agaricus blazei; agaricus brunnescens; agrocybe aegerita (cylindracea); auricularia auricula-judae; auricularia polytricha; coprinus comatus; flammulina velutipes; grifola frondosa; hericium erinaceus; lentinula edodes; lepista nuda; lepista personata; hypsizygus marmoreus; hypsizygus tessulatus; pholiota nameko; pleurotus cystidiosus; pleurotus cornucopiae (citrinopileatus); pleurotus djamor; pleurotus eryngii; pleurotus fabellatus; pleurotus nebrodensis; pleurotus ostreatus; pleurotus pulmonarius; pleurotus sajor-caju; pleurotus tuber-regium; sparassis crispa; stropharia rugosoannulata; tremella fuciformis; tremella mesentérica; tricholoma caligatum (matsutake); volvariella volvacea.

menor que abastecen al consumidor final, debiendo elaborar una lista en los términos recogidos en el párrafo a). 2.º de este artículo, pudiendo incluirse especies recogidas en la parte C del anexo si se van a someter a tratamiento adecuado antes de su entrega al consumidor final.

3.º Cuando se autorice este tipo de suministro, los explotadores de los establecimientos locales de comercio al por menor, además de cumplir lo establecido en este real decreto, deberán asegurarse especialmente de que las setas recibidas cumplen los requisitos recogidos en el artículo 3 y, además, no podrán, en ningún caso, suministrar dichos productos a otros establecimientos.

4.º Además, los explotadores de los establecimientos locales de comercio al por menor que, en los casos y condiciones establecidos por la autoridad competente, reciban suministros directos por parte del productor o recolector, deberán en todo momento demostrar mediante documentos y registros los datos que figuran en el párrafo c) del apartado 2 del artículo 5».

De lo anterior se deduce la existencia de dos modalidades de comercialización de setas: (i) el suministro directo al consumidor final; y (ii) suministro a establecimientos de comercio al por menor que venden al consumidor final. De ambas modalidades podemos extraer el papel capital que ostentan las Comunidades Autónomas, pues son estas quienes autorizan el tipo de setas que pueden venderse en ambas modalidades y quienes autorizan las condiciones para la comercialización de los establecimientos de comercio al por menor. Esto implica que las Comunidades Autónomas tienen un gran margen de actuación, ya que, en el marco básico de este precepto, serán las encargadas de la elaboración de la lista de tipos de setas autorizadas y de los canales de comercialización autorizados.

C) Productos primarios de origen animal (huevos, miel o caracoles)

El art. 20.3 de la norma objeto de estudio establece que les será de aplicación el Reglamento (CE) n.º 852/2004 del Parlamento Europeo y del Consejo, de 29 de abril de 2004 y el Reglamento (CE) n.º 853/2004, del Parlamento Europeo y del Consejo, de 29 de abril de 2004 y a lo establecido el Real Decreto 1086/2020. Por lo que debemos partir de la exclusión de la aplicación del Paquete de Higiene al suministro directo de pequeñas cantidades al consumidor final o a los establecimientos de comercio al por menor, sin incluir ningún requisito más, pues no se hace alusión a ningún requerimiento añadido.

6.2. Real Decreto 1021/2022, de 13 de diciembre, por el que se regulan determinados requisitos en materia de higiene de la producción y comercialización de los productos alimenticios en establecimientos de comercio al por menor

Con fecha, 13 de diciembre de 2022, el Boletín Oficial del Estado acogió la publicación del Real Decreto 1021/2022, por el que se regulan determinados requisitos en materia de higiene de la producción y comercialización de los productos alimenticios en establecimientos de comercio al por menor. Entre las ventajas y potencialidades de dicha norma destaca la regulación del suministro directo de alimentos preparados en locales utilizados principalmente como vivienda privada, mediante el establecimiento de requisitos adicionales a los establecidos en el Reglamento (CE) n.º 852/2004 del Parlamento Europeo y del Consejo, de 29 de abril de 2004.

De esta forma, cuando se lleve a cabo la actividad de preparación de alimentos en locales utilizados principalmente como vivienda privada, las zonas de la vivienda destinadas a dicha actividad tendrán la consideración de establecimiento de comercio al por menor. Para ello, cuando el operador pretenda iniciar la actividad deberá presentar ante la autoridad competente, a los efectos de su inscripción en el correspondiente registro autonómico, una declaración responsable del cumplimiento de los requisitos legales aplicables al ejercicio de la actividad, que deberá incluir:

a) Horario en que se va a operar.

b) Productos que se van a elaborar.

c) Plano de la vivienda que refleje las estancias o zonas destinadas a dicha actividad.

d) Compromiso de asumir las obligaciones de someterse a los controles oficiales llevados a cabo por las autoridades competentes.

Así mismo, la norma contempla que aquellos alimentos preparados en locales utilizados principalmente como vivienda privada solo se podrán suministrar a la persona consumidora directamente en mercados ocasionales o periódicos, o mediante el reparto a domicilio siempre que el suministro se realice dentro de la unidad sanitaria local, zona de salud o territorio de iguales características y finalidad que defina la autoridad competente correspondiente donde radique la vivienda.

Ahora bien, los alimentos preparados en estos locales:

a) No se podrán servir para su consumo *in situ*, salvo que la autoridad competente de la comunidad autónoma lo permita.

b) No se podrán suministrar a colectividades ni en eventos.

c) No se podrán suministrar en el propio establecimiento, salvo que la autoridad competente de la comunidad autónoma lo permita.

d) No se podrán suministrar a otros establecimientos de comercio al por menor, salvo que la autoridad competente de la comunidad autónoma lo permita y establezca los requisitos necesarios para ello.

e) No se podrán congelar, ni tampoco las materias primas empleadas para elaborarlos. Solo se podrán mantener en congelación las materias primas que se adquieran ya congeladas.

De igual forma, se prevé la necesidad de establecer, al menos, una separación temporal y cuando resulte necesario para evitar el riesgo de contaminación, una separación espacial, de las distintas actividades y productos cuando los alimentos destinados a la venta se elaboren en las mismas instalaciones que aquellos destinados al consumo doméstico privado[129]. Así mismo, durante la elaboración de alimentos destinados a la venta no se permitirá el acceso de personas ajenas a esta actividad a las zonas de la vivienda destinadas a la elaboración, prohibiéndose en todo caso además el acceso de animales domésticos a las zonas de la vivienda destinadas a la elaboración de alimentos.

Los alimentos preparados estarán limitados a:

a) Comidas preparadas sometidas a un tratamiento térmico suficiente para garantizar la seguridad de estas.

b) Productos de panadería y repostería estables a temperatura ambiente.

c) Mermeladas, confituras y jaleas, siempre que tras el envasado se sometan a un tratamiento térmico que garantice su seguridad.

d) Conservas de frutas, hortalizas o vegetales, siempre que tengan un pH inferior a 4,5.

e) Otros alimentos que las autoridades competentes de las comunidades autónomas permitan en sus territorios.

Finalmente, se prevé además que los alimentos preparados se presentarán y etiquetarán de acuerdo con la normativa vigente de información alimentaria al consumidor y con la normativa específica en materia de comercialización y de calidad que les sea de aplicación y se deberá indicar la mención «Elaborado en vivienda particular» y la fecha de elaboración.

6.3. Real Decreto 191/2011, de 18 de febrero, sobre Registro General Sanitario de Empresas Alimentarias y Alimentos

Esta norma regula el Registro General Sanitario de Empresas Alimentarias y Alimentos, adscrito a la Agencia Española de Seguridad Alimentaria y Nutrición del Ministerio de Sanidad, Política Social e Igualdad, el cual tiene como finalidad la protección de la salud pública y de los intereses de los consumidores, facilitando el control oficial de las empresas, establecimientos y productos sometidos a inscripción.

129 Las materias primas y alimentos destinados a la venta deben estar claramente identificados y separados suficientemente de los destinados al uso doméstico privado para evitar el riesgo de contaminación.

Esta obligación administrativa no tendrá que cumplirse por parte de los establecimientos y sus empresas titulares en el supuesto de que exclusivamente manipulen, transformen, envasen, almacenen o sirvan alimentos para su venta o entrega *in situ* al consumidor final, con o sin reparto a domicilio, o a colectividades, así como cuando éstos suministren a otros establecimientos de estas mismas características, y se trate de una actividad marginal en términos tanto económicos como de producción, respecto de la realizada por aquéllos, que se lleve a cabo en el ámbito de la unidad sanitaria local, zona de salud o territorio de iguales características o finalidad que defina la autoridad competente correspondiente.

Sin embargo, estos establecimientos deberán inscribirse en los registros autonómicos establecidos al efecto, previa comunicación del operador de la empresa alimentaria a las autoridades competentes según el lugar de ubicación del establecimiento. No obstante, cuando se trate de establecimientos en los que se sirven alimentos in situ a colectividades, la comunicación será hecha por el titular de las instalaciones.

Es decir, los productos vendidos en venta directa se les exime de la obligación de inscribirse en el Registro General Sanitario, para facilitar el control y el cumplimiento de los estándares de seguridad alimentaria se crearán registros autonómicos. De nuevo, se trata de una manifestación del alto poder y el amplio margen de decisión del que disponen las Comunidades Autónomas en la materia.

6.4. La cuestión competencial en materia de agricultura y comercio de proximidad y su estrecha relación con la disparidad normativa territorial

Como es sabido por todos, el art. 149.1.13.ª de la Constitución Española, atribuye al Estado la competencia sobre bases y coordinación de la planificación general de la actividad económica, en cuyo ámbito se incluye el comercio —y su fomento—, toda vez que representa un sector estratégico para el impulso de la economía española[130].

130 En España, como ya se ha señalado, el comercio representa el 12,6 por ciento del PIB a nivel nacional (datos Contabilidad 2019) y el 15,5 por ciento del total de los ocupados. Específicamente, y en lo que respecta al comercio minorista, supone el 12,8 por ciento del total de empresas existentes en nuestro país, representa el 14,1 por ciento del total de establecimientos, el 5,2 por ciento del PIB, el 10 por ciento del total del total de ocupados de la economía y el 58,2 por ciento del sector del comercio.
Es, por lo tanto, un componente de ordenación económica y social esencial de ámbito nacional, no sólo por las cifras, sino por su importancia en la vida cotidiana de multitud de municipios de tamaño medio y pequeño. Es un elemento clave en el desarrollo de nues-

La competencia estatal sobre la base del citado precepto tiene un «carácter transversal», de manera que *«aun existiendo una competencia sobre un subsector económico que una Comunidad Autónoma ha asumido como "exclusiva" en su Estatuto, esta atribución competencial no excluye la competencia estatal para establecer las bases y la coordinación de ese subsector, y que el ejercicio autonómico de esta competencia exclusiva puede estar condicionado por medidas estatales, que en ejercicio de una competencia propia y diferenciada pueden desplegarse autónomamente sobre diversos campos o materias»*[131], siempre que el fin perseguido responda efectivamente a un objetivo de planificación económica.

Todo ello responde a la «necesaria coherencia de la política económica», que *«exige decisiones unitarias que aseguren un tratamiento uniforme de determinados problemas en orden a la consecución de dichos objetivos [de política económica global o sectorial] y evite que, dada la interdependencia de las actuaciones llevadas a cabo en las distintas partes del territorio, se produzcan resultados disfuncionales y disgregadores»*[132]. De esta forma, el título ampara todas aquellas normas y actuaciones, sea cual sea su naturaleza y forma de instrumentación, orientadas a garantizar la «unidad de mercado»[133] o la «unidad económica»[134].

En su seno, se enmarcan tanto las normas estatales que fijan las líneas directrices y los criterios globales de la economía o referidos a la ordenación de un sector concreto, como aquellas acciones o medidas singulares necesarias para alcanzar los fines propuestos dentro de dichos ámbitos. Por ejemplo, líneas de ayudas, destinadas a impulsar los mercados locales y a facilitar su transición digital en el marco de la garantía de la unidad de mercado[135].

La competencia transversal del Estado concurre, en el caso que nos ocupa, con la atribución estatutaria de las Comunidades Autónomas en materia de agricultura, ferias y comercio interior (arts. 148.1.12.ª y 148.1.13.ª CE). Por otro lado, conviene recordar que el artículo 25.2.i) de la Ley 7/1985, de 2 de abril, Reguladora de las Bases del Régimen Local (LRBRL) contempla como competencia propia del municipio lo relativo a *«ferias, abastos, mercados,*

---

tros pueblos y ciudades, actuando como vertebrador y dinamizador de la actividad social, económica y cultural, y favoreciendo la cohesión social, la sostenibilidad y afrontar el reto demográfico.

131 *Vid.* STC 74/2014, de 8 de mayo, FJ 3.

132 *Vid.* STC 186/1988, FJ 2; más recientemente, STC 141/2014, de 11 de septiembre, FJ 5.

133 *Vid.* STC 118/1996, de 27 de junio, FJ 10, y STC 208/1999, de 11 de noviembre, FJ 6.

134 *Vid.* STC 152/1988, de 20 de julio, FJ 2; STC 186/1988, de 17 de octubre, FJ 2; STC 96/1990, de 24 de mayo, FJ 3, y STC 146/1992, de 16 de octubre, FJ 2

135 Sobre esta cuestión, reviste especial interés el estudio de CALONGE VELÁZQUEZ, A., «El principio de unidad de mercado en la Constitución Española de 1978», en GÓMEZ-FERRER MORANT, R. (Coord.), *Libro homenaje a Villar Palasí*, Madrid, Civitas, 1989, pp. 177-196.

lonjas y comercio ambulante». Se trata de un ámbito, por lo tanto, en el que concurren títulos competenciales del Estado, las Comunidades Autónomas y las Entidades locales.

Partiendo de esa concurrencia de títulos competenciales, hay que recordar que, como señaló el Tribunal Constitucional en la STC 31/2010, en relación con la competencia exclusiva recogida en el Estatuto de Cataluña sobre comercio y ferias, que ésta «*no impide ni menoscaba el ejercicio de la competencia estatal del artículo 149.1.13.ª CE*» (FJ 68).

Sentado lo anterior, conviene subrayar que la mayor parte de las Comunidades Autónomas han incluido en sus correspondientes Estatutos de Autonomía, como competencia exclusiva, alguna referencia expresa al «fomento del desarrollo económico en los diferentes mercados y del comercio exterior y la planificación de la actividad económica de la Comunidad»[136], «la regulación administrativa de las diferentes modalidades de venta, con especial atención a la promoción, desarrollo y modernización del sector [del comercio]»[137], «la regulación y el desarrollo de la agricultura[138], la ganadería y el sector agroalimentario»[139], o previsiones vinculadas a «ferias y mercados no internacionales»[140]. Esta tendencia se ha traducido, en última instancia, en la promulgación de distintos instrumentos jurídico-administrativos de carácter autonómico orientados a regular el comercio de proximidad, que difieren en intensidad y calidad normativa, lo que ha terminado por consolidar enormes contrastes en la dinamización de los canales cortos de comercialización agroalimentaria entre unas autonomías y otras, como se analiza en el epígrafe siguiente.

---

136 *Vid.* Art. 70.1.18.ª de la Ley Orgánica 14/2007, de 30 de noviembre, de reforma del Estatuto de Autonomía de Castilla y León.

137 *Vid.* Art. 71.1.25.ª de la Ley Orgánica 5/2007, de 20 de abril, de reforma del Estatuto de Autonomía de Aragón.

138 Según el artículo 148.1.7.ª CE, las Comunidades Autónomas podrán asumir competencias en materia de «agricultura y ganadería, de acuerdo con la ordenación general de la economía». Todos los Estatutos de Autonomía, sin excepción, han atribuido esta competencia a sus respectivas Comunidades Autónomas. *Vid.* RODRÍGUEZ PORTUGUÉS, M., «La distribución de competencias entre el Estado y las Comunidades Autónomas en materia de agricultura», en *Revista de Estudios de la Administración Local y Autonómica*, núm. 312, 2010, pp. 127-179. Igualmente relevantes, resultan los estudios de LÓPEZ BENÍTEZ, M., «El desarrollo de las competencias autonómicas de Andalucía en materia de agricultura», en *Revista Andaluza de Administración Pública*, núm. 2, 2003, pp. 431-472 y MUÑOZ MACHADO, S., «La distribución de competencias entre el Estado y las Comunidades Autónomas en materia de agricultura», en *Agricultura y Sociedad*, núm. 21, 1981, pp. 265-332, entre otros.

139 *Vid.* Art. 116.1.a) de la Ley Orgánica 6/2006, de 19 de julio, de reforma del Estatuto de Autonomía de Cataluña.

140 *Vid.* Art. 9.1.16 de la Ley Orgánica 1/2011, de 28 de enero, de reforma del Estatuto de Autonomía de la Comunidad Autónoma de Extremadura.

VII

ANÁLISIS EN PERSPECTIVA COMPARADA DE LA LEGISLACIÓN AUTONÓMICA DE COMERCIO DE PROXIMIDAD

Como se ha puesto de relieve tras el examen del marco normativo europeo y nacional en la materia objeto de estudio, corresponde a las Comunidades Autónomas la función de concretar el significado y la dimensión del «suministro directo de pequeñas cantidades» en cada uno de sus territorios. La legislación en esta materia es muy diversa, de hecho, existen algunas CCAA que no han regulado la materia, como ocurre en el supuesto de Cantabria, la Comunidad de Madrid o La Rioja. Otras, en cambio, si bien es cierto que han procedido al diseño de instrumentos normativos tangibles en este concreto campo no han logrado una correcta ordenación de la materia que nos ocupa, ya sea por su antigüedad o por mostrar una tibia apuesta a la hora de desplegar el esquema de exenciones, adaptaciones y flexibilizaciones normativas contenido en el Paquete de Higiene europeo. A modo enunciativo, mencionaremos las diferentes normativas sectoriales de carácter autonómico:

- **Andalucía**: Decreto 163/2016, de 18 de octubre, por el que se regula el régimen administrativo y el sistema de información de venta directa de los productos primarios desde las explotaciones agrarias y forestales a las personas consumidoras finales y establecimientos de comercio al por menor.
- **Aragón**: Ley 7/2017, de 28 de junio, de Venta Local de Productos Agroalimentarios en Aragón.
- **Asturias**: Ley del Principado de Asturias 2/2019, de 1 de marzo, de calidad alimentaria, calidad diferenciada y venta directa de productos alimentarios.
- **Castilla-La Mancha**: Decreto 71/2020, de 9 de noviembre, por el que se regula en Castilla-La Mancha la venta directa de productos ligados a la explotación agraria.

- **Castilla y León**: Orden SAN/1175/2014, de 30 de diciembre, por la que se autoriza y regula la comercialización de determinados productos alimenticios directamente por el productor a establecimientos de venta al por menor.
- **Cataluña**: Decreto 24/2013, de 8 de enero, sobre acreditación de la venta de proximidad de productos agroalimentarios.
- **Comunidad Valenciana**: Decreto 201/2017, de 15 de diciembre, del Consell, por el que se regula la venta de proximidad de productos primarios y agroalimentarios.
- **Extremadura**: Decreto 17/2021, de 24 de marzo, por el que se regula el suministro directo por titulares de explotaciones agrarias de pequeñas cantidades de productos primarios.
- **Galicia**: Decreto 125/2014, de 4 de septiembre, por el que se regula en Galicia la venta directa de los productos primarios desde las explotaciones a la persona consumidora final.
- **Illes Balears**: Ley 3/2019, de 31 de enero, Agraria de las Illes Balears
- **Islas Canarias**: Ley 6/2019, de 9 de abril, de Calidad Agroalimentaria.
- **Murcia**: Ley 4/2019, de 3 de abril, de venta local de productos agroalimentarios de la Comunidad Autónoma de la Región de Murcia.
- **Navarra**: Ley Foral 5/2023, de 9 de marzo, de canales cortos de comercialización agroalimentaria.
- **País Vasco**: Decreto 76/2016, de 17 de mayo, que establece las condiciones para la adaptación de los requisitos higiénico-sanitarios de diversos ámbitos de la producción agroalimentaria de Euskadi.

A este respecto, conviene recordar que las Comunidades Autónomas serán las encargadas del desarrollo y ejecución de las normas básicas en materia de control e higiene alimentaria, según lo dispuesto en el art. 2.2. a) del Real Decreto 1086/2020[141].

Con objeto de analizar las desventajas y potencialidades de cada una de ellas, se realizará un estudio de las CCAA que han regulado esta materia, concretamente nos centraremos en las modalidades de venta permitidas, la tipología y cantidades de productos máximas, los requisitos administrativos

141 De conformidad con dicho precepto, se entenderá por autoridad competente, «[e]l Ministerio de Consumo y el Ministerio de Agricultura, Pesca y Alimentación, para el establecimiento de los requisitos básicos en materia de control e higiene alimentaria y comunicaciones con los restantes Estados miembros y la Comisión Europea en el ámbito de sus respectivas competencias, y los órganos que determinen las comunidades autónomas y las ciudades de Ceuta y Melilla para el desarrollo y ejecución de las normas básicas estatales e intercambios nacionales y con la Unión Europea».

y sanitarios que deben cumplirse y las medidas de fomento contempladas (en caso de que existan).

7.1. Andalucía

7.1.1. Modalidades de venta

Las modalidades de venta se regulan en el artículo cuarto, que admite la venta directa in situ, es decir, en la propia producción; en mercados y a establecimientos de comercio al por menor, siempre que la transacción entre la persona productora y el establecimiento de venta se realice directamente, sin intermediarios, el cual a su vez tendrá que vender directamente al consumidor.

7.1.2. Tipología y cantidad de productos

Los productos permitidos son de origen vegetal, setas, miel y huevos, es decir, se excluye la venta de otros productos de origen animal. Los productos concretos y las cantidades máximas autorizadas por producto y año se recogen en el Anexo I de la norma, que establece lo siguiente:

Producto	Unidad	Cantidad
Aceitunas de mesa	kg	4.000
Bellotas recolectadas	kg	5.000
Castañas recolectadas	kg	5.000
Caracoles de granja	kg	2.500
Cereales cultivados	kg	10.000
Espárragos silvestres recolectados[142]	kg	5.000
Fresas y otros berries cultivados	kg	12.000
Frutales subtropicales cultivados	kg	2.500
Hortalizas cultivadas (por especie)	kg	10.000
Huevos[143]	unidad	12.000
Jalea real	kg	10

142 La cantidad máxima por recolector y día para estos productos será: Espárragos silvestres recolectados: 5 kg.

143 Según lo establecido en el artículo 7.3 los huevos solo podrán venderse in situ o en mercados por parte del productor primario, con lo cual no podrán venderse huevos con estas flexibilizaciones en establecimientos de comercio al por menor.

Legumbres cultivadas (por especie)	kg exterior	2.500
	kg invernadero	5.000
Miel	kg	3.000
Otras frutas y frutos cultivados (por especie)	kg	15.000
Patatas cultivadas	kg exterior	20.000
Plantas aromáticas recolectadas	kg	2.000
Piñones recolectados	kg	2.000
Polen	kg	450
Propóleo	kg	30
Setas cultivadas[144]	kg	12.000
Setas silvestres recolectadas (por especie)[145] [146]	kg	2.000
Tagarninas[147]	kg	3.000

7.1.3. Requisitos administrativos y sanitarios

Aquellos productores que quieran acogerse a esta forma de venta tendrán que realizar una comunicación previa conforme el documento del anexo II de la norma, esta comunicación será requisito suficiente para poder iniciar la venta directa, sin perjuicio de otras autorizaciones que fueran precisas según la actividad concreta (artículo 11). En esta comunicación no tendrá que aportarse más documentación, pero el productor deberá tener en su poder la siguiente documentación:

- En el caso de productos procedentes de explotaciones agrarias: documentación acreditativa de la producción de los productos primarios, documentación acreditativa del tipo de producción (convencional, ecológica, integrada, otros) y documentación acreditativa de la titularidad de la explotación.

---

144 Sólo para las especies cultivadas que pueden ser objeto de comercialización en fresco, conforme al Real Decreto 30/2009, de 16 de enero.

145 La cantidad máxima por recolector y día para estos productos será de 20 kg (engloba el total de las especies que se recolecten en la jornada).

146 Relación de especies de setas silvestres: agaricus campestris, pleurotus ostreatus, agaricus sylvaticus, suillus luteus, agrocybe cylindracea, terfezia arenaria, amanita caesarea, con la volva abierta, terfezia claveryi, amanita ponderosa, con la volva abierta, terfezia leptoderma, boletus aereus, boletus edulis, boletus reticulatus, craterellus lutescens, craterellus tubaeformis, cantharellus subpruinosus, craterellus cornucopioides, fistulina hepática, hydnum repandum, hydnum rufescens, lactarius deliciosus, lactarius sanguifluus, lactarius semisanguifluus, macrolepiota procera y pleurotus eryngii.

147 La cantidad máxima por recolector y día para estos productos será de 20 kg.

- En el caso de productos procedentes de explotaciones forestales: autorización de recolección del producto o productos forestales en la que quede identificada la persona a la que se autoriza la recolección, la especie o especies objeto de autorización, el titular del terreno forestal, la localización geográfica, el periodo de tiempo por el que se concede la autorización y la cantidad autorizada.

En aras de garantizar la seguridad alimentaria, los productores deberán cumplir una serie de requisitos: implantar un procedimiento de gestión, un registro, entregar a los compradores un documento acreditativo de la venta, seguir las guías de buenas prácticas de higiene específicas e identificar los productos comercializados a través de un código que se asignará cuando se haga la comunicación previa (artículo 6).

El procedimiento de gestión que tendrán que seguir es el que se regula en el artículo 6 de la Ley 2/2011, de 25 de marzo, de la Calidad Agroalimentaria y Pesquera de Andalucía, que incluye como contenidos mínimos, la definición y descripción de los siguientes elementos y procedimientos: a) equipos, maquinaria e instalaciones, las fases del proceso de elaboración y de los procedimientos empleados para garantizar su control, b) trazabilidad de los lotes o partidas de productos alimentarios y materias y elementos para la producción y comercialización alimentarias con que trabajen, c) sistema de registro y tratamiento de las reclamaciones, así como de la sistemática de retirada inmediata de los productos defectuosos existentes en el circuito de distribución o comercialización, d) sistema utilizado para la identificación y etiquetado de los productos, tanto acabados susceptibles de ser comercializados, como los productos agroalimentarios o materias y elementos para la producción y la comercialización agroalimentarias y pesqueras que se encuentren a granel, e) sistema de registro empleado para conservar la información y realizar la contabilidad material de los productos agroalimentarios y pesqueros, y de las materias y elementos que utilicen para la producción, la transformación y la comercialización agroalimentarias y pesqueras, f) sistemática empleada conforme a la legalidad vigente, para la emisión, gestión, archivo y conservación, en su caso, de los documentos de acompañamiento, g) plan de control de calidad que prevea, como mínimo, los procedimientos empleados, la periodicidad y la frecuencia de las tomas de muestras, las especificaciones y el destino de los productos en el caso de que no se ajusten a la normativa. Este plan también debe justificar si es necesario o no que los operadores dispongan de un laboratorio de control.

Además tendrá que describir la forma en la que los operadores a) disponen de los elementos necesarios que demuestren la veracidad y exactitud de las informaciones facilitadas o que figuren en el etiquetado, en los documentos de acompañamiento, en los documentos comerciales, en la publicidad y la presentación de los productos alimentarios, materias y elementos para la producción y comercialización alimentarias que comercialicen, así como de los productos utilizados en su producción o transformación, b) verifican que, en todas las etapas de la producción, la transformación y la distribución bajo su control, los productos cumplen los requisitos de la legislación aplicable a su actividad, c) aseguran la trazabilidad de sus productos, d) disponen de un sistema de reclamaciones y retirada de productos, e) garantizan que los productos cumplen con los requisitos de calidad especificada, f) justifican las verificaciones y controles efectuados sobre los productos, g) retiran del mercado los productos no conformes con la normativa de referencia y h) garantizan el acceso a sus instalaciones a los organismos de evaluación de la conformidad.

Si los productos procedan de explotaciones forestales, las personas recolectoras deberán contar con la autorización de los titulares de dichas explotaciones, los cuales serán responsables del cumplimiento de la normativa que garantice la seguridad e inocuidad de los productos cuya recolección autorice (artículo 6.3).

El sistema de registro básico está constituido por apuntes, que constará al menos con la siguiente información: producto y cantidad vendida, fecha y lugar de la venta, detallando en el caso de venta a establecimientos de comercio al por menor, constancia de la identificación del establecimiento mediante el nombre de la persona titular, datos identificativos (NIF) y dirección completa del establecimiento (artículo 6.4).

Para facilitar control por parte de la Administración se crea en virtud del artículo 9 el Sistema de Información de Venta Directa de Productos Primarios en Andalucía (SIVDA), cuya finalidad será sistematizar y homogeneizar la información sobre los vendedores de productos primarios en Andalucía.

En resumen, los productores andaluces que quieran acogerse a estas flexibilizaciones deberán realizar una comunicación previa, implantar un procedimiento de gestión cuyo contenido es muy extenso, realizar un registro básico de venta de productos, seguir las guías de buenas prácticas de higiene específicas e identificar los productos comercializados. En comparación con otras CCAA los requisitos exigidos no son razonables, lo que dificulta el impulso entre los productores de esta forma de venta, respecto a los canales ordinarios.

7.2. Aragón

7.2.1. Modalidades de venta

Se regulan en el artículo cuarto de la ley en el que se admiten dos modalidades de venta: la venta directa y la venta en canal corto. La venta directa deberá efectuarse en la propia explotación, en establecimientos de titularidad del productor, en ferias y mercados locales y en el propio domicilio de la persona consumidora. Por otro lado, en la venta en canal corto deberá haber como máximo un intermediario, pudiéndose ser éste un establecimiento local, una empresa de mensajería o cualquier fórmula que se establezca. Esto último es importante, porque es un reconocimiento explícito a la posibilidad de vender con estas flexibilizaciones a través del comercio electrónico, con la única limitación de que solo haya un intermediario.

7.2.2. Tipología de productos

Para conocer los tipos de productos que se podrán acoger a estas flexibilizaciones tenemos que estar a lo establecido en el artículo 5 de norma, que incluye los siguientes productos: productos primarios de producción propia, tanto de origen vegetal, incluidas las trufas y las setas cultivadas, como animal; los productos transformados de elaboración propia; los brotes y las semillas autóctonas destinadas a la producción de brotes y los productos silvestres recolectados en el medio natural y los productos transformados de elaboración propia que de ellos se obtengan, comercializados de forma directa al consumidor final o a través de canales de comercialización, respetando la normativa autonómica y local sobre forma de recolección, cantidades, tiempo y otros requisitos técnicos.

Se excluyen los productos de la caza y la pesca; los animales vivos, excepto los caracoles de granja; la carne procedente de animales que no hayan sido sacrificados en establecimientos autorizados, conforme a la normativa específica de aplicación, y aquellos otros productos agroalimentarios para los que así se determine en la normativa estatal de carácter básico que les sea aplicable, o en el desarrollo reglamentario de esta ley.

7.2.3. Cantidad de productos

Las cantidades permitidas se establecen en la Orden DRS/398/2019[148], de la que cabe destacar que el cómputo es anual y que señala las siguientes cantidades máximas:

Producto	Cantidad	Medida
Huevos	26.000	Unidad/año
Caracoles	5.000	Kg/año
Aves de corral	7.000	Canales/año
Conejos	7.000	Canales/año
Vacuno	30	Canales/año

148 Disponible en: https://acortar.link/Q8ljdF.

Corderos	400	Canales/año
Cabritos	200	Canales/año
Porcino	100	Canales/año
Miel	3.000	Kg/año
Jalea Real	10	Kg/año
Polen	450	Kg/año
Propóleo	30	Kg/año
Derivados lácteos	75[149]	Litros leche como materia prima/día
Patatas	30.000	Kg/año
Cereales	10.000	Kg/año
Fruta de pepita	25.000	Kg/año
Fruta de hueso	25.000	Kg/año
Frutos rojos	12.000	Kg/año
Legumbres	15.000	Kg/año
Hortalizas	70.000	Kg/año
Setas	12.000	Kg/año
Trufa	300	Kg/año
Hierbas aromáticas	350	Kg/año
Mermeladas y análogas	2.500	Kg/año
Zumos	4.000	Litros/año
Frutos secos	4.000	Kg/año
Aceituna	4.000	Kg/año
Vinos/Licores/Cerveza/Vinagre/Sidra	1000 cada uno	Lit/año
Aceite	2.500[150]	Lit/año
Transformados cárnicos	2.500	Kg carne procesada/año

7.2.4. Requisitos administrativos y sanitarios

Los requisitos administrativo-sanitarios que tienen que cumplirse dependerán de si se trata de venta directa por el productor o a través de estableci-

149 75 litros de leche al día como materia prima por tipo de producto lácteo (queso, yogur, cuajada, requesón, ...), con un máximo, en todo caso, de 300 litros al día de leche procesada en conjunto.

150 2.500 kg de carne procesada/año por tipo de producto (fresco, curado, cocido...), con un máximo, en todo caso, de 7.000 Kg carne procesada/año en el total de producción.

mientos de venta al por menor. Si se trata de venta directa, tendremos que estar a lo dispuesto en el artículo 7.2, que establece los siguientes requisitos:

a) Ser titulares de explotaciones inscritas en el Registro de Explotaciones Agrícolas de Aragón o en el Registro General de Explotaciones Ganaderas. En el caso de una agrupación, este requisito lo deberán cumplir los productores agrarios que la integren. Se exceptúa de este requisito a los productores forestales, para los que el Gobierno de Aragón creará un registro específico de productores forestales, al objeto de controlar su censo y actividad, en el que se incluirán los mismos contenidos que para los productos de origen agrario: producto vendido, cantidad, fecha y lugar de la venta, y, en su caso, identificación del establecimiento local al que se ha vendido.

b) Disponer, en su caso, de las necesarias condiciones de equipamiento, higiene y funcionamiento para desarrollar la actividad de elaboración con garantías sanitarias y aplicando los principios generales y prácticas correctas de higiene según el artículo 8 de esta ley.

c) Con el fin de asegurar la trazabilidad, deberán llevar un registro, que estará a disposición de las autoridades competentes si estas así lo solicitan, con el siguiente contenido mínimo: producto vendido, cantidad, fecha y lugar de la venta, y, en su caso, identificación del establecimiento local al que se ha vendido.

d) Mantener actualizados los datos relativos a la venta local en la base de datos creada a tal efecto.

En el caso de ser un establecimiento de venta al por menor, además de las obligaciones generales, deberán:

a) Presentar la declaración responsable o comunicación de datos que se establezca reglamentariamente.

b) Llevar un registro, que estará a disposición de las autoridades competentes, con el siguiente contenido mínimo: tipo de producto agroalimentario adquirido, cantidad, fecha e identidad del suministrador.

c) En el caso de las setas y hongos silvestres, los establecimientos locales deberán cumplir con las obligaciones de la documentación que figuran en el artículo 5.2.c) del Real Decreto 30/2009, de 16 de febrero, por el que se establecen las condiciones sanitarias para la comercialización de setas para uso alimentario.

A efectos de facilitar el control administrativo en este tipo de comercialización se crea, en virtud del artículo 10, una base de datos de venta local de productos agroalimentarios de Aragón, en la que tanto productores como establecimientos de venta al por menor tendrán la obligación de facilitar la información pertinente. Esto ayuda a facilitar la función de trazabilidad y de seguridad alimentaria.

7.2.5. Medidas de fomento

Se establece una obligación genérica en el artículo noveno para el Gobierno de Aragón y las administraciones territoriales de fomento de la promoción de la venta local, en particular mediante medidas de apoyo en el marco de las políticas que, para el desarrollo del medio rural, se apliquen en Aragón. Asimismo, incorpora un mandato futuro para el Gobierno de Aragón indicando que «impulsará» programas de información y educación a la ciudadanía, en especial dirigidos a la infancia y juventud, sobre los beneficios de los canales cortos de comercialización y su aporte a la economía local y a la sostenibilidad.

Además, se incluye la posibilidad a los productores y establecimientos que comercialicen a través de este canal de venta la utilización de un distintivo único[151] (artículo 10). Esto favorece su difusión y fomento por parte de las Administraciones públicas.

7.3. Asturias

En Asturias no existe una normativa específica, sino que se regula dentro de una normativa más amplia. En concreto, tendremos que estudiar el título V de la Ley del Principado de Asturias 2/2019, de 1 de marzo, de calidad alimentaria, calidad diferenciada y venta directa de productos alimentarios.

7.3.1. Modalidades de venta

Las modalidades de venta se regulan en el artículo 37 en el que se incluyen dos: venta directa por los productores al consumidor final o en establecimientos al por menor, con la condición de que se haga en canales cortos de comercialización, incluyendo la restauración colectiva, comedores de empresa, escuelas, hospitales, servicios de restauración de instituciones, restaurantes e instalaciones de turismo rural.

La venta puede hacerse no solo en la propia producción, sino también en los establecimientos de los que sean titulares el productor o la agrupación de productores alimentarios, a través de grupos de consumo, en mercados municipales, en lonjas o establecimientos autorizados, en ferias y en establecimientos minoristas o mediante las tecnologías de la comunicación.

7.3.2. Tipología y cantidad de productos

El artículo 37 establece que los productores podrán vender productos primarios o elaborados, de origen agrícola, ganadero, forestal, cinegético,

151 Disponible en: https://www.aragon.es/-/venta-local-de-productos-agroalimentarios.

micológico o proceder de la pesca, la acuicultura o el marisqueo (artículo 39.1). Las cantidades y los productos concretos se determinarán reglamentariamente (artículo 39.4). Sin embargo, en el momento en el que se escriben estas líneas esta normativa de desarrollo[152] se encuentra en fase de consulta pública previa, la cual tiene por objeto recabar la opinión de la ciudadanía y de las organizaciones más representativas potencialmente afectadas por la futura norma, antes de la elaboración de la disposición normativa.

7.3.3. Requisitos administrativos y sanitarios

Los requisitos administrativos se contienen en el artículo 40, que enumera los siguientes:

- Ser titular de explotaciones agrícolas, inscritas en el registro pertinente y autorizadas.
- Estar inscrito en la sección de venta directa del registro de operadores alimentarios del Principado de Asturias, para lo cual deberán presentar una declaración responsable.
- Llevar un registro básico en el que figurarán, al menos, los datos relativos al producto vendido, cantidad, fecha y lugar de la venta y en caso de venta a establecimiento minoristas, identificación del mismo. El registro estará a disposición de la autoridad competente y se conservará durante un mínimo de dos años.
- Responsabilizarse de la seguridad, inocuidad y trazabilidad de los productos alimentarios.
- Someterse a los controles de las autoridades competentes y colaborar con las mismas.

La autoridad competente aprobará guías de buenas prácticas de higiene para facilitar el cumplimiento de los requisitos sanitarios.

7.3.4. Medidas de fomento

El artículo 37 establece la obligación genérica a la Administración competente para que implemente un distintivo que acredite los ámbitos y establecimientos que comercializan con productos de proximidad o venta directa. Sin embargo, en el momento de publicación de este libro aún no se ha materializado esta iniciativa.

152 Proyecto de decreto por el que se determinan los productos concretos y las cantidades de los mismos que puedan considerarse venta directa elaborado por la Dirección General de Desarrollo Rural y Agroalimentación- Servicio de Desarrollo Agroalimentario.

Asimismo, en su apartado cuarto indica que la administración competente podrá adoptar medidas de promoción de la venta directa o de los canales cortos de comercialización, simplificando procedimientos administrativos, flexibilizando los procesos de comercialización para pequeños productores facilitando formación y medios, y realizando medidas de fomento y apoyo a un modo de producción esencial para la conservación del patrimonio rural asturiano.

7.4. Castilla-La Mancha

7.4.1. Modalidades de venta

En lo referido a las modalidades de venta, el artículo 5 realiza una división entre la modalidad de venta directa y la modalidad de canal corto de comercialización. En lo que respecta a la venta directa, se incluye la venta en la propia explotación o en establecimientos de titularidad del agente productor o de la agrupación a la que pertenezca; en el domicilio de la persona consumidora y en ferias y mercados dentro de la Comunidad Autónoma y provincias limítrofes. En este último caso no podrán venderse preparados de carne y productos cárnicos.

La modalidad de canal corto de comercialización establece que debe haber un intermediario como máximo, a través de un local habilitado al que le suministre directamente el agente productor y, por último, por venta on-line, exceptuando los preparados de carne y los productos cárnicos.

7.4.2. Tipología de productos

En cuanto a los productos autorizados, podrán ser objeto de venta los productos primarios de producción propia, tanto de origen vegetal como animal, incluidas las trufas y setas cultivadas, excluyendo de estos la leche cruda, los moluscos bivalvos vivos, los productos de la caza y la pesca, los productos silvestres recolectados en el medio natural y los productos transformados de elaboración propia (artículo 3).

7.4.3. Cantidad de productos

Las cantidades permitidas se computan de forma anual y se establecen en el Anexo I, que recogemos a continuación:

Producto primario	Unidad	Cantidad
Aceitunas de mesa	kg	4.000
Azafrán	kg	1
Caracoles de granja	kg	5.000

Cereales cultivados	kg	30.000
Frutos rojos cultivados (por especie)	kg	12.000
Frutales de pepita (por especie)	kg	25.000
Frutales de hueso (por especie)	kg	25.000
Hortalizas cultivadas (por especie)	kg	10.000
Huevos	unidad	125.000
Miel	kg	5.000
Jalea real		15
Polen		600
Propóleo		50
Frutos secos (por especie)	kg	10.000
Legumbres cultivadas (por especie)	kg	25.000
Patatas cultivadas	kg	20.000
Setas cultivadas (por tipo de seta)	kg	15.000
Trufa cultivada	kg	500
Hierbas aromáticas	kg	1.000
Producto transformado	**Unidad**	**Cantidad**
Aceite	litros	5.000
Carne y productos cárnicos elaborados	kg	50.000
Derivados lácteos (queso, yogur, cuajada, requesón)	kg	100 litros de leche al día como materia prima por tipo de producto lácteo, con un máximo, en todo caso de 300 litros al día de leche procesada en conjunto
Compotas, confituras, mermeladas, membrillos y similares	kg	2.500
Vinos, vinagre, cerveza, licores (por tipo de producto)	kg	5.000

7.4.4. Requisitos administrativos y sanitarios

Los requisitos administrativos y sanitarios se recogen en los artículos 6 a 10. En el artículo 6 se establecen los requisitos que tendrán que cumplir los productores, distinguiendo si se trata de suministro directo o venta de productos transformados.

Los titulares de explotaciones agrarias que quieran acogerse al suministro directo deberán cumplir los siguientes requisitos:

- La explotación agrícola deberá estar inscrita en el Registro de Explotaciones Agrícolas (REGEPA) como venta directa y la producción será de las parcelas ubicadas en Castilla-La Mancha.
- En el caso de una explotación ganadera, estar inscrita en el Registro de Explotaciones Ganaderas (REGA) de Castilla-La Mancha.
- Cumplir con las obligaciones de carácter general que les resulten aplicables en materia de salud y calidad agroalimentaria, de comercio, de turismo rural y de protección de las personas consumidoras, así como las específicas establecidas en este decreto.

En el caso de una agrupación, estos requisitos los deberán cumplir cada uno de los agentes productores agrarios que la integren.

Además, se incluye una obligación adicional en el caso de que la venta sea de huevos, según la cual deberán aplicar el Plan Nacional de Salmonella, y acreditar la implantación de procedimientos de limpieza, desinfección, y medidas de bioseguridad, mediante las medidas adecuadas de control con la aplicación de un programa por medios propios o mediante empresas autorizadas.

Aquellos que quieran comercializar productos transformados deberán cumplir:

- Tratarse de los productos transformados enumerados en la normativa.
- Que las instalaciones de la explotación estarán inscritas en el Registro General Sanitario de Empresas Alimentarias y Alimentos (RGSEAA).
- Cumplir con las obligaciones de carácter general que les resulten aplicables en materia de salud y calidad agroalimentaria, de comercio, de turismo rural y de protección de las personas consumidoras, así como las especificas establecidas en este decreto.

De nuevo se indica que, en el caso de una agrupación, estos requisitos los deberán cumplir cada uno de los agentes productores agrarios que la integren.

La inscripción en el RGSEAA se exceptuará cuando la a totalidad de la venta del producto transformado se realice mediante venta en la propia explotación, local de transformación, entrega directa a domicilio, venta en Internet, mercado municipal, feria o mercado no sedentario, comercio minorista, o establecimiento de restauración siempre que el punto de venta y destino estén ubicados en el territorio de Castilla La Mancha. Salvo si se trata de productos cárnicos o preparados de carne, en los que siempre tendrán que estar inscritos en el RGSEAA.

Como sucede en otras CCAA, para facilitar el control por parte de la autoridad competente, que en este caso será la Dirección General con competencias en cadena alimentaria, se creará un Registro de explotación con venta directa de productos ligados a la actividad agraria (RVD-CLM) (artículo 7). La inscripción a este registro será obligatoria en los casos en los que los productores primarios no estén en el RGSEAA (artículo 9).

Si están inscritos en el RGSEAA y, por tanto, no tienen obligación de estar en el RVD-CLM, deberán presentar antes del inicio de la actividad e incluso cualquier publicidad de esta, una declaración responsable de inicio de actividad cumpliendo los requisitos legales previstos (artículo 8).

7.4.5. Medidas de fomento

En esta Comunidad se incluye la posibilidad (voluntaria) de que aquellos que se acojan a esta forma de venta incluyan en sus productos un elemento identificativo[153], al que la norma denomina «Marca Castilla-La Mancha». El uso de esta marca es compatible con otros distintivos de calidad ya existentes (artículo 11).

Otra medida interesante es la que se enuncia en el artículo 12, que indica que aquellos productos que estén inscritos en el RVD-CLM y utilicen el distintivo de la marca Castilla-La Mancha serán priorizados en los procedimientos de ayudas y subvenciones con concurrencia competitiva, siempre que la normativa europea o estatal básica no lo prohíba. Asimismo, se priorizan en la asistencia a ferias agroalimentarias y en contrataciones de suministro de comedores de centros educativos, sanitarios o asistenciales.

7.5. Castilla y León

La Ley 10/2010, de 27 de septiembre, de salud pública y seguridad alimentaria de Castilla y León (LSPSACyL), incluye como una de las actuaciones dentro de la prestación de la salud pública del Sistema Público de Salud de Castilla y León, la promoción de la seguridad alimentaria, garantizando el cumplimiento de la legislación sobre seguridad alimentaria. En su art. 21 LPSACyL se señala que corresponde a la Consejería de Sanidad la organización y gestión de los recursos necesarios para la consecución de los objetivos que comprende la prestación de salud pública[154].

De conformidad con todo ello, Castilla y León elaboró la Orden SAN/1175/2014, de 30 de diciembre, por la que se autoriza y regula la comercialización de determinados productos alimenticios directamente por el pro-

153 Disponible en el Anexo V de la normativo castellanomanchega.

154 *Vid. Op. cit.* AZNAR PRADES, G., *La venta directa de...*, p. 50.

ductor a establecimientos de venta al por menor, la cual pasaremos a analizar de forma detenida.

De esta normativa podemos comentar en un primer término tres cuestiones generales: la fecha de aprobación, la forma jurídica y su extensión. Se trata de una orden aprobada en 2014, lo que la convierte en una de las más antiguas que regulan esta materia, junto con Cataluña y Galicia. Reviste la forma de orden, a diferencia de otras CCAA que han aprobado leyes o decretos al respecto. En cuanto a su extensión estamos ante apenas tres artículos, que dificultan la consecución de los fines propios de una norma.

7.5.1. Modalidades de venta

La citada orden regula dos formas de comercialización la venta directa del productor y la compra a los productores de productos por parte de establecimientos al por menor para venderlos al consumidor final.

> Artículo 1. Objeto.
>
> La presente orden tiene por objeto autorizar y regular la comercialización por parte del productor de pequeñas cantidades de determinados productos alimenticios a establecimientos de venta al por menor que suministran directamente al consumidor final, incluyendo la restauración colectiva, los restaurantes y otros servicios alimentarios similares.

Este precepto establece que esta comercialización podrá realizarse de forma directa al consumidor final o a través de establecimientos de venta al por menor que vendan al consumidor final, incluyendo la restauración colectiva, los restaurantes y otros servicios alimentarios similares. Este suministro debe hacerse de forma directa al consumidor final, es decir, no se admite ningún intermediario (artículo 3), lo cual elimina la posibilidad de que se venda a través de medios electrónicos.

7.5.2. Tipología de productos

La Orden SAN/1175/2014, de 30 de diciembre establece en su artículo tercero diciendo que: «*[s]ólo se autoriza para este tipo de suministro los productos primarios agrícolas y forestales de origen vegetal, los huevos y la miel y otros alimentos procedentes de la apicultura. En el caso de las setas sólo se autoriza el suministro directo de las setas recogidas en las partes A, B Y C del Anexo del Real Decreto 30/2009. Las especies recogidas en la parte C se deberán someter a tratamiento adecuado antes de su entrega al consumidor final*».

De este precepto podemos extraer que los productos permitidos son: productos primarios agrícolas y forestales de origen vegetal, los huevos, la miel y otros alimentos procedentes de la apicultura y setas. Respecto a los productos micológicos hay que acudir al Real Decreto 30/2009, de 16 de enero, por el que se establecen las condiciones sanitarias para la comercialización de setas para uso alimentario, en el que se autoriza, por un lado, la comercialización de setas sin tratamiento de especies silvestres[155] y cultivadas[156] que pueden ser objeto de comercialización en fresco y, por otro, existen setas que solo pueden comercializarse si se someten a un tratamiento[157].

7.5.3. Cantidad de productos

Continúa el artículo tres en su apartado segundo estableciendo las cantidades concretas que podrán comercializarse semanalmente por tipo de productos, siendo estas para los productos vegetales, las setas y la miel de 20 kg por semana, los alimentos derivados de la apicultura distintos de la miel a 5 kg por semana y, por último, en el caso de los huevos a 20 docenas por semana.

La limitación cuantitativa que se impone en la legislación comunitaria y nacional es que se trate de «pequeñas cantidades», no obstante, las diferentes Comunidades Autónomas han interpretado tal requisito de diversas maneras. Debiendo delimitarse tanto la cantidad, como la forma en la que se va a computar dicha cantidad. En esto último la gran mayoría de CCAA optan por el cómputo anual, sin embargo, la comunidad de Castilla y León elige el

155 Agaricus campestris, agaricus sylvaticus, agrocybe aegerita (cylindracea), amanita caesarea, con la volva abierta, amanita ponderosa, boletus aereus, boletus edulis, boletus pinophilus (pinicola), boletus reticulatus, calocybe gambosa, cantharellus cibarius, cantharellus cinereus, cantharellus lutescens, cantharellus tubaeformis, cantharellus subpruinosus, clitocybe geotropa, craterellus cornucopioides. fistulina hepática, higrocybe pratensis, hydnum albidum, hydnum repandum, hydnum rufescens. hygrophorus agathosmus, hygrophorus gliocyclus. hygrophorus latitabundus (limacinus), hygrophorus marzuolus, hygrophorus penarius, hygrophorus russula, lactarius deliciosus, lactarius quieticolor, lactarius salmonicolor, lactarius sanguifluus, lactarius semisanguifluus, lepista panaeolus (luscina), lepista nuda, lepista personata, macrolepiota procera, marasmius oreades, pleurotus eryngii, pleurotus ostreatus, rhizopogon luteolus (obtextus), rhizopogon roseolus, russula cyanoxantha, russula virescens, suillus luteus, terfezia arenaria, terfezia claveryi, terfezia leptoderma, tricholoma portentosu, tricholoma terreum, tuber aestivum, tuber borchii, tuber brumale, tuber indicum, tuber magnatum, tuber melanosporum (nigrum), ustilago maydis y xerocomus badius (Boletus badius).

156 Agaricus arvensis, agaricus bisporus, agaricus bitorquis, agaricus blazei, agaricus brunnescens, agrocybe aegerita (cylindracea), auricularia auricula-judae, auricularia polytricha, coprinus comatus, flammulina velutipes, grifola frondosa, hericium erinaceus, lentinula edodes, lepista nuda, lepista personata, hypsizygus marmoreus, hypsizygus tessulatus, pholiota nameko, pleurotus cystidiosus, pleurotus cornucopiae (citrinopileatus), pleurotus djamor, pleurotus eryngii, pleurotus fabellatus, pleurotus nebrodensi, pleurotus ostreatus, pleurotus pulmonarius, pleurotus sajor-caju, pleurotus tuber-regium, sparassis crispa, stropharia rugosoannulata, tremella fuciformis, tremella mesentérica, tricholoma caligatum (matsutake) y volvariella volvacea.

157 Helvella sp. y morcella sp.

cómputo semanal. En este sentido consideramos que es más razonable utilizar el cómputo anual pues así se da una mayor facilidad a los productores para cumplir los estándares contemplados en la normativa de aplicación y adaptar las ventas a los períodos que exista mayor demanda, ya que generalmente el comercio de proximidad en las áreas rurales viene asociado a otras actividades económicas marcadas por un fuerte componente estacional, como ocurre en el supuesto del turismo sostenible.

7.5.4. Requisitos administrativos y sanitarios

Estos requisitos se incluyen en el artículo 3.2 de la orden en el que se establece los siguientes requisitos:

a) Se considerarán como pequeñas cantidades 20 Kg semanales de cada producto y proveedor en el caso de los productos vegetales, las setas y la miel y 5 Kg semanales por proveedor para otros alimentos procedentes de la apicultura. En el caso de los huevos, se entenderá como pequeña cantidad el suministro de 20 docenas semanales por proveedor.

b) El proveedor de los productos, deberá estar inscrito en el registro de la producción primaria que las autoridades competentes hayan establecido.

c) Los operadores de los establecimientos de venta al por menor, deben disponer de documentos y registros que permitan identificar a todos los productores primarios de los que se provea, indicando como mínimo su número de identificación fiscal, así como todas las partidas, y deberá tener esta información a disposición de las autoridades competentes si estas la solicitan. En el caso concreto de las setas, los operadores de los establecimientos de venta al por menor deberán cumplir con las obligaciones de documentación que figuran en el párrafo c) del apartado 2 del artículo 5 del Real Decreto 30/2009.

d) Los operadores de los establecimientos de venta al por menor, deberán asegurarse de que los productos cumplen con la normativa sobre la información alimentaria facilitada al consumidor.

e) Los establecimientos de venta al por menor, no podrán, en ningún caso, suministrar dichos productos a otros establecimientos alimentarios.

Podemos sintetizarlos en estos requisitos:

- **Requisitos cuantitativos**: se limitan las cantidades de forma semanal. Siendo para los productos vegetales, las setas y la miel de 20 KG y 5 KG para otros productos procedentes de la apicultura. En el caso de los huevos será de 20 docenas semanales.

- **Requisitos administrativos**: deberá estar inscrito en el registro de la producción primaria, documentos y registros que permitan identificar a todos los productores primarios de los que se provea y asegurarse que los productos cumplen con la normativa sobre la información alimentaria facilitada al consumidor.
- **Límites**: no podrán incorporar más intermediarios. Es decir, solo se podrá vender al consumidor final.

7.6. Cataluña

7.6.1. Modalidades de venta

Se prevén dos formas de venta: venta directa y venta en circuito corto, en ambas podrán comercializarse tanto productos primarios como productos de elaboración propia. La venta directa es aquella que se realiza de forma directa por el productor o agrupación de ellos al consumidor final, sin ningún intermediario (artículo 3). La venta directa se puede realizar en la propia explotación, en agrotiendas de las agrupaciones de productores agrarios, en mercados locales, en ferias-mercados o en otros lugares que no sean establecimientos comerciales permanentes (artículo 6).

La venta en circuito corto es aquella realizada por el productor a los consumidores finales, con intervención de intermediarios (artículo 3). Podrán ser intermediarios: los establecimientos minoristas, las agrupaciones de productores agrarios cuando comercialicen productos que provienen de productores no asociados, los establecimientos de turismo rural y los establecimientos de restauración incluidos los de restauración colectiva, cuando venden los productos directamente a los consumidores finales (artículo 2). No se considerará venta de proximidad cuando el intermediario sea una industria alimentaria.

De acuerdo con lo que se ha descrito, para acreditar la venta de proximidad se deben cumplir las siguientes condiciones:

- La venta de proximidad, la lleva a cabo el productor o la agrupación de productores agroalimentarios o agrarios o una persona jurídica que esté participada en más del 50 % por el propio productor o productora en favor del consumidor final, con la intervención de un establecimiento intermediario o sin ella.
- El número de intermediarios posibles se limita a un único establecimiento, que debe ser un establecimiento minorista o de restauración que vende directamente al consumidor final.
- Los productos agroalimentarios y agrarios comercializados deben ser de producción o elaboración propia.

- Los productos agroalimentarios de elaboración propia se deben elaborar o transformar en instalaciones específicas de la misma titularidad o de una persona jurídica que esté participada en más del 50 % por el propio productor o productora o de la agrupación de productores, ya se encuentren dentro o fuera de la explotación[158].

Sin embargo, algunos productos de elaboración propia necesitan ser transformados obligatoriamente en establecimientos de diferente titularidad a la del productor o la agrupación de productores para llegar a serlo; estos establecimientos transformadores actuarían de servicios técnicos[159], no de intermediarios, y, por lo tanto, la venta de proximidad directa sigue siendo posible en estos casos.

Asimismo, se incluye un reconocimiento explícito a la posibilidad de vender tanto la modalidad de venta directa como en circuito corto, a través de medios electrónicos, según lo dispuesto en el artículo 6.3.

7.6.2. Tipología y cantidad de productos

La tipología y la cantidad de productos permitidos se establece en la Guía para la venta de proximidad de los productos agrarias aprobada y actualizada periódicamente por la Generalitat[160].

Se permiten productos procedentes de la producción primaria agrícola[161] y productos agroalimentarios transformados[162] y elaborados. entre los que se incluyen: frutas y verduras; huevos; miel; carne y charcutería; quesos y flores comestibles.

---

158 *Vid.* GENERALITAT DE CATALUNYA. *Guía para la venta de proximidad de los productos agroalimentarios y agrarios*, 2020, p. 14.

159 Ejemplos de servicios técnicos aceptados en venta de proximidad (lista no restringida a los ejemplos): salas de despiece para obtener carne fresca, para transformar frutas en mermeladas, para cocer legumbres o para elaborar caldos vegetales, purés vegetales, horchata, etc., molinos para moler cereales y leguminosas y obtener harinas, almazaras para la primera prensada de la aceituna y elaboración de aceite de oliva virgen extra, descascaradoras y tostadoras para los frutos secos, licuadoras para obtener zumos de las frutas (incluido el mosto), tratamiento térmico y estandarización de la leche...

160 *Vid. op. cit.* GENERALITAT DE CATALUNYA. *Guía para la venta de proximidad de los productos agroalimentarios y agrarios*, 2020.

161 Productos de producción primaria (incluidos los de la tierra, la ganadería, la caza y la pesca); se pueden transportar, almacenar y manipular siempre que no se altere su naturaleza de forma sustancial (mejoras en la presentación mediante lavado de verduras, arranque de hojas de verduras, clasificación de frutas, secado de cereales, etc.); la miel es considerada producto primario.

162 Productos originariamente primarios en los que la manipulación efectuada puede introducir nuevos peligros: patatas peladas, verduras y hortalizas troceadas, envasado de ensaladas y aplicación de gases de conservación; son productos de elaboración propia.

Se excluyen: la venta de los productos recolectados en el medio natural (setas, caracoles, bayas, arándanos, etc.), los productos para el autoconsumo y la carne que no haya sido sacrificada en mataderos autorizados situados a un máximo de tres horas de la granja de salida y la venta de los productos obtenidos de la caza.

Respecto a las cantidades se establecen los siguientes límites de sacrificio de animales, capturas de pescado o producción de alimentos que identifican a los pequeños establecimientos partiendo de su actividad en los últimos doce meses:

Producto	Cantidad	Periodo
Pequeños mataderos (límite de animales sacrificados)		
Porcino	6.500	Anual
Bovino	1.000	
Equino	1.000	
Ovino	12.500	
Caprino	12.500	
Pollos y gallinas	300.000	
Pavo	80.000	
Pequeña sala de despiece de carne fresca (toneladas de carne despiezada)		
Ungulados domésticos	260	Anual
Pollos, gallinas y pavos	260	
Pequeño establecimiento de elaboración de preparados de carne o carne picada (toneladas de productos elaborados)		
Ungulados domésticos	260	Anual
Pollos, gallinas y pavos	260	
Pequeño centro de embalaje de huevos	39.000.000 expedidos	Anual
Pequeño establecimiento lácteo	500.000 leche transformada	Anual
Pequeño establecimiento de comidas preparadas	100 menús	Diario
Pequeño establecimiento de bebidas alcohólicas	100.000 hl	Anual
Pequeño establecimiento de transformación de productos de la pesca	Hasta 120 toneladas de productos producidos	Anual
Pequeños centros de depuración y expedición de moluscos bivalvos vivos (MBV)	6.150 toneladas expedidas	Anual

7.6.3. Requisitos administrativos y sanitarios

Aquellos productores que quieran acogerse a la venta de proximidad tendrán que cumplir los requisitos establecidos en el artículo 7, de los cuales resaltamos:

- Ser titular de una explotación cuyos datos consten en el sistema integrado de datos de explotaciones agrarias de Cataluña. En el caso de las agrupaciones de productores agrarios este requisito lo deben cumplir los miembros que sean productores agrarios.
- Comunicar anualmente la adhesión al sistema de acreditación de venta de proximidad mediante la declaración única agraria.
- En el caso de la carne amparada bajo el distintivo de venta de proximidad, es necesario que los animales sean nacidos y engordados en explotaciones ubicadas en Cataluña. Los animales que no hayan nacido en estas explotaciones tienen que haber sido engordados en explotaciones catalanas como mínimo 4 meses para vacuno, 40 días en el caso de aves y 4 meses en el caso de la especie porcina. En lo referente al resto de animales nacidos en explotaciones ubicadas fuera de Cataluña, deben ser engordados en las explotaciones agrarias de Cataluña. En todos los casos, los animales deben ser sacrificados en mataderos ubicados como máximo a 3 horas de transporte desde la explotación de donde procedan.

Asimismo, y de conformidad con el artículo 8, los productores deberán estar adheridos al sistema de acreditación de la venta de proximidad, que se realiza mediante la Declaración Única Agraria (DUN), cuyo modelo se aprobará anualmente[163].

Tras la declaración, la autoridad competente entregará la correspondiente acreditación, que dará derecho al uso del logo identificativo, cuyo uso se encuentra regulado en el artículo 10. Este logo ayuda a que los consumidores ubiquen de forma fácil estos productos y así se fomente su comercialización.

En relación con esta acreditación se debe tener en cuenta lo siguiente:

- La renovación es anual y también puede comunicarse la baja en el sistema de acreditación a través de la DUN.
- Se acredita el sistema de venta, no los productos.

---

163 Junto con la presentación de la adhesión al sistema de acreditación de la venta de proximidad, mediante la DUN, las personas interesadas tienen que descargar del sitio web específicamente habilitado por la Generalidad a estos efectos el logo que tiene que identificar a los productos objeto de la venta de proximidad, de acuerdo con el artículo 10, que consta en el anexo 1. La realización de estos trámites permite la utilización de manera automática del logo identificativo de la venta de proximidad.

- Este logotipo debe constar bien visible en la explotación, el puesto, la documentación, la página web, etc. Debe tener a disposición/visible el documento acreditativo del sistema de venta de proximidad.
- Si comercializa otros productos junto con los que son objeto de venta de proximidad, además de estar bien identificados, es necesario separarlos claramente del resto. El logotipo identificador no puede estar en escaparates u otros soportes genéricos que puedan inducir a error al público.
- Es voluntaria.
- Puede llevar a cabo venta de proximidad sin estar inscritos en la DUN y también puede acogerse a esta guía, pero no podrá acreditarla con el distintivo oficial; si no desea acogerse a la guía, debe seguir toda la legislación vigente[164].

En materia de seguridad alimentaria se establece que los productores serán responsables de asegurar la inocuidad de los alimentos que vendan, para lo cual tendrán que disponer, mantener y aplicar sistemas de autocontrol adecuados. En este sentido, los productores pueden optar por utilizar guías de prácticas correctas de higiene. En el caso de la venta en circuito corto, los productores deben identificar a cualquier establecimiento al que hayan suministrado sus productos agroalimentarios y deben tener esta información a disposición de las autoridades competentes si estas la solicitan (artículo 5).

7.7. Comunidad Valenciana

7.7.1. Modalidades de venta

Las modalidades de venta que se admiten son dos: venta directa y venta en canales cortos de comercialización. La venta directa es aquella realizada directamente por el productor primario o los elaboradores de productos agroalimentarios al consumidor final dentro del territorio de la Comunitat Valenciana.

Los canales cortos de comercialización son aquellos en los que el productor y los elaboradores de productos agroalimentarios venden a establecimientos de venta al por menor, incluidos los establecimientos de restauración colectiva, que suministran o sirven productos alimenticios directamente al consumidor/a final en el ámbito territorial de la Comunitat Valenciana (artículo 2).

7.7.2. Tipología de productos

Se diferencia entre los productos que podrán venderse sin transformación y aquellos productos de elaboración propia (transformación, elaboración o envasado).

164 *Vid.* op. cit. GENERALITAT DE CATALUNYA. *Guía para la ...*, p. 16.

Los productores primarios podrán comercializar productos primarios, vegetales de cultivo, huevos, miel, propóleo, jalea real, moluscos gasterópodos terrestres de cría en cautividad, productos de vegetales silvestres, moluscos gasterópodos terrestres silvestres, caza silvestre, carne de aves de corral y lagomorfos sacrificados en la explotación.

Los elaboradores de productos agroalimentarios solo podrán comercializar: elaborados a base de productos de origen vegetal, sida, vino, cerveza, licores, aguardiente, elaborados a base de miel y otros productos apícolas, aceite de oliva, pan, panes especiales, productos de pastelería, confitería, bollería, repostería y pasta fresca (artículo 3.4).

Se excluye la posibilidad de venta de leche cruda, moluscos bivalvos vicos, carne procedente de ungulados domésticos, aves de corral, lagomorfos y caza de cría que no hayan sido sacrificados en mataderos autorizados[165], productos pesqueros y brotes de semillas y germinados (artículo 3.3).

7.7.3. Cantidades

Las cantidades máximas autorizadas se incluyen en los anexos I y II, que indican lo siguiente:

Producto	Cantidad	Periodo
Huevos	350 unidades	Semana
Moluscos gasterópodos terrestres de cría en cautividad	100 kg	Semana
Aves de corral	7.000 canales	Anual
Lagomorfos	7.000 canales	Anual
Caza Menor[166] [167]	10 canales	Semana
Caza Mayor[168] [169]	2 canales	Semana

7.7.4. Requisitos administrativos y sanitarios

Los artículos del 5 al 11 establecen los requisitos, obligaciones y responsabilidades por cada tipo de producto clasificándolos de la siguiente manera: los artículos 5, 6, 7, 8, 10 y 11 regulan el suministro directo de pequeñas

165 Excepto si se trata de carne de aves de corral y lagomorfos sacrificados en la explotación (artículo 10).

166 Un máximo de 100 canales de caza menor por cazador/a y año.

167 Los productos deberán proceder de cotos de caza autorizados por la Comunitat Valenciana.

168 Un máximo de 20 canales de caza mayor por cazador/a y año.

169 Los productos deberán proceder de cotos de caza autorizados por la Comunitat Valenciana.

cantidades, diferenciando entre: productos primarios; vegetales de cultivo; huevos, miel, propóleo, jalea real y moluscos gasterópodos terrestres de cría en cautividad; vegetales silvestres y moluscos gasterópodos terrestres silvestres; carnes de aves de corral y lagomorfos sacrificados y caza silvestre y el art. 9 se encarga de los requisitos que deben cumplir los productores primarios que realicen algún tipo de transformación.

Entre los requisitos comunes a todos ellos destacamos:

- Estar inscritos en el registro obligatorio que establezca la consejería competente en materia de agricultura, necesario para mantener los principios de trazabilidad y responsabilidad en la seguridad alimentaria.
- Realizar una comunicación previa de inicio de actividad.
- Seguir un sistema de registro básico en el que como mínimo se incluyan: producto y cantidad vendida, fecha y lugar de la venta, detallando en el caso de venta a establecimientos de comercio al por menor, constancia de la identificación del establecimiento mediante el nombre de la persona titular, datos identificativos (NIF) y dirección completa del establecimiento.
- Entregar junto con el producto un documento acreditativo de la venta.
- Identificar los productos envasados mediante el código que se asignará a las personas que comuniquen su intención de comercializar de acuerdo con las normas del presente decreto. El código consistirá en las siglas VPCV, seguido de un guión y los ocho dígitos y letra correspondiente al NIF/NIE de la persona productora. En caso de persona jurídica, el código consistirá en las siglas «VPCV», seguido de un guión, la letra correspondiente al NIF del productor y los 8 dígitos de ese NIF.

Se incluyen una serie de requisitos administrativos específicos para algunos productos. En el caso de la venta de productos de origen animal (artículo 7 y 10), deberán cumplir con los programas de control oficial de sanidad animal, el Plan Anual Zoosanitario, y el programa sanitario de la explotación. Si se trata de productos elaborados, los productores tendrán que estar inscritos en el Registro Sanitario de Establecimientos Alimentarios Menores de la Comunitat Valenciana y obtener una autorización previa administrativa del establecimiento (artículo 9). Aquellos que quieran ventar carne procedente de la caza, tendrán que tener vigente una licencia de caza. Asimismo, se incorporan obligaciones sanitarias para cada tipo de producto.

Para facilitar la comprensión de esta norma se prevé en su art. 12 la obligación de la autoridad competente de la elaboración de Guías de Prácticas Correctas de Higiene. Por último, tal como indica la norma nacional, la disposición adicional primera establece que para iniciar esta actividad es suficiente con la comunicación a la autoridad competente por parte del productor.

Un aspecto que cabe destacar de esta CA es su detalle y precisión en la exposición de las obligaciones sanitarias y administrativas, que puede ser en parte positivo, pues aporta seguridad jurídica, pero también negativa, al incorporar una gran burocracia a estos productores que pueden dificultar esta forma de comercio. Sin embargo, siempre que sean requisitos sanitarios necesarios para la seguridad alimentaria, consideramos que deben incluirse.

7.7.5. Medidas de fomento

En cuanto a las medidas de fomento se establece una obligación genérica en el artículo 13 a la administración autonómica de fomento de este tipo de comercialización en el marco de sus programas de ayuda, para dar soporte y promocionar iniciativas destinadas a favorecer tanto la producción como el consumo de estos productos.

7.8. Extremadura

7.8.1. Modalidades de venta

Las modalidades de suministro directo están reguladas en el artículo 4, que establece que serán: en la propia explotación, en mercado, en establecimientos locales de venta al por menor y a distancia. Indicando que, en todas las modalidades, el suministro será entre la persona productora o el establecimiento al por menor y el consumidor final, sin posibilidad de que existan personas ni entidades intermediarias.

7.8.2. Tipología y cantidad de productos

Los tipos y cantidad de productos que pueden acogerse a estas flexibilizaciones se encuentran detallados en el Anexo I de la norma, que establece lo que sigue:

Producto	Unidad	Cantidad
Aceituna	kg	4.000
Cereales cultivados	kg	10.000
Legumbres grano cultivadas (por especie)	kg	2.500
Fresas, frambuesas y otras berries cultivadas	kg	6.000
Hortalizas cultivadas	kg exterior kg invernadero	15.000 25.000

Ciruelas	kg	30.000
Otros frutales de secano (por especie)	kg	5.000
Otros frutales de regadío (por especie)	kg	15.000
Plantas aromáticas cultivadas (por especie)	kg	2.000
Setas cultivadas	kg	12.000
Tubérculos cultivados (por especie)	kg	20.000
Caracoles de granja	kg	2.500
Huevos[170]	unidad	12.000
Jalea real	kg	10
Miel	kg	3.000
Polen	kg	450
Propóleo	kg	30

7.8.3. Requisitos administrativos y sanitarios

Los requisitos administrativos se basarán en: llevar un registro de trazabilidad, inscribirse en el Registro de Explotaciones Agrarias y la obligación de comunicación previa. El registro de trazabilidad se regula en el artículo 6 y establece la obligación a las personas productoras que deberán documentar las ventas que realizan según el modelo facilitado en el anexo II de la norma. Las personas productoras también tendrán que entregar un documento acreditativo de la transacción a los consumidores y deberán identificar sus productos con un código formado por las siglas VDEX seguido de un número de seis dígitos asignado en el momento de comunicación del inicio de actividad.

La inscripción en el Registro de Explotaciones Agrarias se regula en el artículo 7, que establece las siguientes reglas:

- Las personas productoras con producción exclusivamente ganadera deberán también estar inscritos en el Registro de Explotaciones Ganaderas.
- Las personas productoras con producción exclusivamente agrícola deberán también estar inscritos en el Registro General de la Producción Agrícola.
- Las personas productoras con producción mixta agrícola-ganadera deberán también estar inscritos en el Registro General de la Producción Agrícola y en el Registro de Explotaciones Ganaderas.

170 Los huevos, según el artículo 5.3, no podrán venderse a colectivos con población vulnerable como residencias de mayores, centros de día, comedores escolares, escuelas infantiles, hospitales, campamentos infantiles y otros de similares características.

Respecto a la comunicación previa deberá realizarse ante la Dirección General competente en materia de agricultura y ganadería, de conformidad con modelo normalizado adjunto como anexo III y siguiendo el procedimiento del artículo 8 de la norma, esta comunicación será previa a la comercialización de estos productos.

Asimismo, para facilitar el control administrativo se crea el registro administrativo configurado mediante base de datos denominado Red de Información de Suministro Directo de Pequeñas Cantidades de Productos Primarios en Extremadura (RISDEX). El acceso a este registro permitirá a los productores poder publicitar bajo la mención de «Venta directa de explotaciones agrarias de Extremadura» (artículo 9).

Se incluye la posibilidad de aplicar guías prácticas de higiene que se publicarán por la autoridad autonómica, nacional o comunitaria, para facilitar la aplicación de los normas higiénico-sanitarias (artículo 7).

7.8.4. Medidas de fomento

En cuanto al fomento establece una cláusula genérica en su artículo 10 en el que se incluye un mandato a la Consejería con competencia en agricultura y ganadería de incluir, dentro de los programas de ayudas y fomento de la actividad agroalimentaria, acciones destinadas al conocimiento de las personas consumidoras de esta red y al fomento de la incorporación de las personas productoras a la misma. Dichas acciones incluirán medidas positivas que tengan en cuenta la realidad y necesidades de las mujeres consumidoras y productoras, con base entre otras, a las estadísticas confeccionadas a partir de la desagregación de género de la información suministrada al RISDEX.

7.9. Galicia

7.9.1. Modalidades de venta

Las modalidades de venta se regulan en el artículo 4 de la norma, que admite tres: en la propia explotación agraria, en mercados por los titulares de la explotación o por parientes en primer grado, que colaboren en la explotación o empleados, y en establecimientos de venta al por menor a la persona consumidora final, siempre que la transacción entre el/la productor/a y el establecimiento de venta se realice directamente, sin intermediarios (de esta última modalidad se excluyen los huevos).

7.9.2. Tipología de productos

Se encuentra recogido en el artículo 7, en el que se establece que pueden acogerse a este régimen los siguientes productos: miel, polen, propóleo, jalea real, huevos[171], frutas y frutos silvestres, legumbres, hortalizas, cereales y setas, en las condiciones establecidas por el Real decreto 30/2009, de 16 de enero, por el que se establecen las condiciones sanitarias para la comercialización de setas para uso alimentario.

7.9.3. Cantidad de productos

De nuevo, al igual que ocurría en la legislación castellano-leonesa, se reducen los productos autorizados a unas cantidades determinadas anuales, siendo estos: la miel (3.000 kg), el polen (450 kg), el propóleo (30 kg), la jalea real (10 kg), los huevos (1.000 docenas), las frutas y frutos silvestres (30 kg), las legumbres (1.000 kg si son exteriores y 24.000 kg si son de invernadero), las hortalizas (1.000 kg si son de exterior y 24.000 kg si son de invernadero), las patatas (2.000 kg), las setas (500 kg si son de exterior y 2.500 kg si son de invernadero) y los cereales (5.000 kg).

7.9.4. Requisitos administrativos y sanitarios

Para poder acogerse a las flexibilizaciones higiénico-sanitarias en Galicia, el productor de los productos primarios objeto de venta deberá estar inscrito en el Registro de Explotaciones Agrarias de Galicia y realizar una comunicación a la autoridad competente de la voluntad de acogerse a estas adaptaciones, para que así la Administración pueda inscribirlos en la Sección de explotaciones acogidas al régimen de venta directa (SEVEDI) (artículo 5).

Asimismo, aquellos que se acojan a esta forma de comercialización tendrán que llevar un registro básico (no se exige una forma concreta) que incluya los siguientes contenidos: producto vendido, cantidad, fecha de venta y lugar de la venta. En el caso de venta a establecimientos de venta al por menor, se dejará constancia de la identificación del establecimiento. Este registro estará a disposición de la autoridad competente y deberá ser conservado durante dos años como mínimo. Por último, los productores deberán seguir métodos de seguridad alimentaria contenidos en las guías de buenas prácticas de higiene publicadas.

7.10. Islas Baleares

En Illes Balears estas flexibilizaciones se encuentran reguladas en el título VII: «La transformación y la comercialización», en concreto en el capítulo VI

171 En el caso de los huevos, no estará permitida la venta directa en la modalidad de venta a establecimientos de venta al por menor.

de la Ley 3/2019, de 31 de enero, Agraria de las Illes Balears. En este caso la normativa es muy exigua, pues se concentra en cinco artículos.

7.10.1. Modalidades de venta

El artículo 145 establece que por venta directa entendemos el acto de vender sin intermediarios, es decir, desde la producción al consumidor final. También se incluyen los productos transformados en industrias de transformación agraria sin carácter de complementaria, siempre que los ingredientes primarios tengan su origen en la explotación agraria.

7.10.2. Tipología y cantidad de productos

Según lo dispuesto en el artículo 147 los productos objeto de la venta directa pueden ser de origen agrícola, ganadero o forestal, y también elaborados o transformados a partir de estos, sean alimentarios o no. Se incluye la posibilidad de venta de origen cinegético y productos cárnicos, sin embargo, no recoge unas normas de flexibilización específicas, sino que establece que deben cumplir la normativa sanitaria general vigente. No incluye ninguna disposición sobre las cantidades de productos permitidas.

7.10.3. Requisitos administrativos y sanitarios

Los requisitos administrativos para aquellos titulares de explotaciones agrarias que quieran vender sus productos de forma directa se incluyen en el artículo 148, y son los siguientes:

- Ser titular de una explotación agraria inscrita en el Registro insular agrario.
- Hacer una comunicación previa al Registro Insular Agrario y, si procede, en el Registro de empresas, establecimientos y productos del sector alimentario de las Illes Balears
- Garantizar la identificación, la seguridad y la trazabilidad de los productos, y también el cumplimiento de la legislación alimentaria y sanitaria.
- Producir en la explotación o elaborar con ingredientes primarios de la explotación todos los productos objeto de la venta directa.

Si se trata de una explotación agraria preferente[172] deberán cumplirse estos requisitos adicionales:

172 Según el artículo 5 de la Ley 3/2019, de 31 de enero, Agraria de las Illes Balears esto implica que la explotación agraria se encuentra en alguna de las situaciones siguientes: 1.

- Vender los productos de la agrupación de titulares de explotaciones agrarias preferentes de las Illes Balears a la que se pertenece.
- Llevar a cabo la actividad de degustación y promoción de los productos objeto de venta directa en locales habilitados específicamente a este efecto; es decir, en los propios y en los de la agrupación de titulares de explotaciones agrarias preferentes de las Illes Balears a la que se pertenece.

En lo referido a los requisitos sanitarios se exige que los productos vendidos estén identificados y cumplan las medidas sanitarias específicas para cada actividad.

7.10.4. Medida de fomento

El artículo 150 establece la posibilidad (no la obligación) de crear y regular el uso de un logotipo que identifique los establecimientos de venta directa. Sin embargo, en este caso sí que se ha producido el desarrollo reglamentario y la creación de este logotipo a través de la Resolución de la consejera de Agricultura, Pesca y Alimentación por la cual se establecen las condiciones de uso del logotipo de venta directa[173].

Ser una explotación agraria prioritaria. 2. Ser una explotación agraria el titular o la titular de la cual sea un agricultor o una agricultora profesional. 3. Ser una explotación agraria cuyo titular sea una sociedad cooperativa agraria, una sociedad cooperativa de explotación comunitaria de la tierra, una sociedad rural menorquina, una sociedad civil, una comunidad de bienes o cualquier otra forma asociativa en la cual al menos un 50 % de las participaciones pertenezcan a agricultores profesionales. En caso de que se trate de una sociedad anónima, las acciones serán nominativas. Asimismo, en este caso al menos un 50 % del capital social, si lo hay, deberá pertenecer a socios que sean agricultores profesionales. Además, todas estas sociedades deben tener por objeto único el ejercicio de la actividad agraria, incluyendo, en su caso, la complementaria. 4. Ser una explotación agraria que cumpla los cuatro requisitos siguientes: a) Generar como mínimo trabajo agrario equivalente a una UTA agraria o forestal o combinación de ambas. Para Eivissa se exige 0,5 UTA agraria o forestal o combinación de ambas, y para Formentera, 0,3 UTA agraria o forestal o combinación de ambas. b) Generar como mínimo unos ingresos agrarios equivalentes a un 25 % de la renta de referencia. Para Eivissa y Formentera se exige un 10 % de la renta de referencia. Se entienden como ingresos agrarios los que provienen de la actividad agraria y de las actividades complementarias que prevén en el presente artículo 5.c), los puntos 1, 2 y 3, incluidas las ayudas. c) Tener una superficie mínima de: -Mallorca y Menorca: 10 hectáreas continuas o 20 discontinuas, excepto en el caso de los cultivos de hortaliza de regadío, de fruta dulce de regadío, cítricos o vid, en los que se exigirán 2 hectáreas. -Eivissa y Formentera: 4 hectáreas continuas o 10 discontinuas, excepto en el caso de los cultivos de hortaliza de regadío, de fruta dulce de regadío, cítricos o vid, y de las explotaciones ganaderas con más de 10 UBG, en las que se exigirán 2 hectáreas. En las explotaciones mixtas el cálculo se realizará aplicando la parte proporcional de cada tipo de aprovechamiento del suelo. d) Cumplir las buenas prácticas agrarias reguladas en el marco de la política agraria común.

173 Disponible en: https://acortar.link/X4gaR2.

Este logotipo podrá ser usado de forma voluntaria en el etiquetado de los productos objeto de la venta directa, en toda la información comercial y, si se dispone, en la web correspondiente, y también para señalizar las ubicaciones de los puntos de venta dentro de los elementos que integran la explotación agraria o en las proximidades, carreteras o caminos, en mercados municipales, en ferias o en lugares que no sean establecimientos comerciales permanentes, y también mediante las nuevas tecnologías de la comunicación, de acuerdo con lo que prevé la normativa vigente. Para poder utilizarlo tendrá que hacerse una comunicación previa a la Dirección General de Políticas para la Soberanía Alimentaria.

7.11. Murcia

7.11.1. Modalidades de venta

En Murcia se regulan las modalidades de venta en el artículo 4, admitiéndose dos: la venta directa y la venta en canal corto de comercialización. La venta directa será la realizada por el productor agrario, forestal o una agrupación, tanto de los productos primarios como los que elabore de forma propia, al consumidor final. La entrega podrá efectuarse: en la propia explotación, en establecimientos de titularidad del productor o de la agrupación, en ferias y mercados locales, en el propio domicilio de la persona consumidora o en el local habilitado por el propio grupo de consumo y a través de venta «online», siempre y cuando se haga sin intermediarios y en el ámbito de la Comunidad Autónoma de la Región de Murcia.

Por venta en canal corto de comercialización se entiende la venta o suministro de productos agroalimentarios, de producción o elaboración propias, realizada por un productor agrario o forestal o por una agrupación, a través como máximo de un único intermediario, siendo éste un establecimiento minorista. En todo caso, el lugar de entrega de los productos al consumidor final estará ubicado en el territorio de la Comunidad Autónoma de la Región de Murcia.

7.11.2. Tipología de productos

Se permitirá la venta de los productos incluidos en el artículo 5 de la norma, que admite: los productos primarios de producción propia, tanto de origen vegetal, incluidas las trufas y las setas cultivadas, como animal; los productos transformados de elaboración propia; los brotes y las semillas autóctonas destinadas a la producción de brotes; los productos silvestres recolectados en el medio natural y los productos transformados de elaboración propia que de ellos se obtengan, comercializados de forma directa al consumidor final o a través de canales de comercialización respetando la normativa autonómica y local sobre forma de recolección, cantidades, tiempo y otros requisitos técnicos y la carne de aves de corral y lagomorfos sacrificados en la explotación y dirigidos al consumidor final o a pequeños comercios en venta de proximidad.

Sin embargo, en el caso de tratarse de productos de caza o pesca, carne procedente de animales ungulados no sacrificados en establecimientos autorizados y animales vivos (salvo caracoles), habrán de cumplir las disposiciones de las normativas específicas.

7.11.3. Cantidades de producto

El artículo 5 establece que las cantidades máximas serán las que se determinen mediante orden conjunta de los departamentos con competencias en materia agraria y de salud pública. Sin embargo ésta aún no ha sido aprobada.

7.11.4. Requisitos administrativos y sanitarios

Los requisitos administrativos que deberán cumplir para poder acogerse a esta modalidad de venta se recogen en el artículo 7 y son los siguientes:

- Ser titulares de explotaciones inscritas en el Registro General de la Producción Agraria o en el Registro General de Explotaciones Ganaderas, salvo que se trate de productores forestales.
- Disponer, en su caso, de las necesarias condiciones de equipamiento, higiene y funcionamiento para desarrollar la actividad de elaboración con garantías sanitarias y aplicando los principios generales y prácticas correctas de higiene.
- Llevar un registro, que estará a disposición de las autoridades competentes si estas así lo solicitan, con el siguiente contenido mínimo: producto vendido, cantidad, fecha y lugar de la venta y, en su caso, identificación del establecimiento local al que se ha vendido.
- Estar inscritos en el Registro de venta local de productos agroalimentarios y mantener a la autoridad competente actualizada de los datos pertinentes. Esto se hará a través de los ayuntamientos que serán los órganos ante los que se presente las comunicaciones de datos y las declaraciones responsables que se aprueben.

Asimismo, en el caso de las setas y hongos silvestres, los establecimientos locales deberán cumplir con las obligaciones de la documentación que figuran en el artículo 5.2.c) del Real Decreto 30/2009, de 16 de enero, por el que se establecen las condiciones sanitarias para la comercialización de setas para uso alimentario.

Establece el artículo 8 que se incluirán las excepciones, flexibilizaciones y adaptaciones permitidas en la legislación comunitaria, para lo cual se aprobarán guías prácticas de higiene por tipología de productos, para así favorecer su difusión y comprensión.

7.11.5. Medidas de fomento

Se incluye un mandato genérico para el gobierno de Murcia y el resto de las administraciones territoriales en el artículo 9 para que desarrollen medidas de fomento y promoción de la venta local en el ámbito de los programas de desarrollo rural. Asimismo, se prevé impulsar programas de información y educación a la ciudadanía, en especial dirigidos a la infancia y juventud sobre los beneficios de los canales cortos de comercialización y su aporte a la economía local y a la sostenibilidad.

7.12. Navarra

7.12.1. Modalidades de venta

Las modalidades de venta se regulan en el artículo 4 que admite dos: venta directa y venta de proximidad. La venta directa es aquella que se produce de forma directa entre la persona productora al consumidor final, tanto físicamente como a través de Internet, sin la participación de personas intermediarias. Este tipo de venta se realizará de forma preferente en la propia explotación, pero también se admiten mercados municipales, mercadillos, alojamientos de turismo rural ligados a la explotación, en el domicilio de la persona consumidora, mediante venta electrónica o cualquier otro que se autorice. Esta venta se realizará en el ámbito territorial de Navarra y a una distancia máxima de 100 km.

La venta de proximidad es aquella que se realiza por la persona productora o agrupación de estas al consumidor final, con la intervención de un único intermediario, como máximo. La persona intermediaria deberá vender directamente a la persona consumidora final. Podrá ser un establecimiento de comercio al por menor, un puesto de un mercado municipal o de un mercadillo, un alojamiento de turismo rural o de agroturismo, un establecimiento de restauración u hostelería, un comedor colectivo, público o privado, una agencia de transporte o servicio similar, una empresa de comercio electrónico o cualquier otra fórmula que permita que la persona consumidora final identifique la producción agroalimentaria que adquiera o consuma, de forma correcta, adecuada y suficiente, con las explotaciones agrarias de origen. En el caso de que el suministro se realice a colectivos vulnerables como ancianos, niños o enfermos, se aplicará la normativa específica aplicable a los suministros a estos colectivos.

Se incluye también la obligación de que la venta se realice dentro del ámbito territorial de Navarra o a una distancia máxima de la explotación de la persona productora agroalimentaria de cien kilómetros, sin perjuicio de la normativa aplicable a la comercialización de estos productos en la comunidad que corresponda. Sin embargo, estos límites no se tendrán en cuenta cuando la venta se lleve a cabo mediante comercio electrónico.

7.12.2. Tipología y cantidad de productos

El artículo 4 establece que podrá ser objeto de venta directa o venta de proximidad la producción agroalimentaria, la cual es definida como aquella obtenida por la persona productora agroalimentaria, ya sea primaria o transformada, cuyos ingredientes primarios provengan de la propia explotación. Distingue, por tanto, entre producción primaria, que se consigue mediante la cosecha de productos vegetales y hongos, la cría de animales y acuicultura previa a su sacrificio, el ordeño, la caza y pesca y la recolección de productos silvestres y la producción transformada, que es aquella procedente de la producción primaria, sometida a cualquier acción que la altere sustancialmente, incluido el tratamiento térmico, el ahumado, el curado, la maduración, el secado, el marinado, la extracción, la extrusión o una combinación de estos procedimientos, así como las canales y la carne faenada procedentes de animales de la propia explotación, que deberán haber sido sacrificados, y procesados, en establecimientos debidamente autorizados (artículo 3).

Las cantidades máximas se determinarán en las guías de buenas prácticas de sanidad e higiene elaboradas por cada tipo de producto (artículo 6.4).

7.12.3. Requisitos administrativos y sanitarios

Los requisitos administrativos están incluidos en el artículo 4 de la norma, que establece que se deberá cumplir lo siguiente:

- Estar inscrita en el Registro de Explotaciones Agrarias de Navarra, contar con una dimensión no superior a cinco Unidades de Trabajo Agrario. En el caso de entidades asociativas, la explotación deberá estar calificada como prioritaria conforme al citado decreto foral legislativo, siendo el límite máximo de diez Unidades de Trabajo Agrario.
- Estar inscrita en el Registro de los Canales Cortos de Comercialización Agroalimentaria de Navarra[174]. Además, tendrán que comunicar

174 Para ello tendrá que seguirse el procedimiento establecido en el artículo 9 que indica que deberá presentarse una solicitud ante la autoridad competente que contenga al menos la siguiente información: 1.° Tipo de productos y cantidades estimadas que van a comercializarse a través de los canales cortos de comercialización agroalimentaria, ya sea en venta directa, en venta de proximidad o en ambas, 2.° Número o números de inscripción de la

anualmente al registro un resumen de las operaciones realizadas durante el año incluyendo: tipo de productos y cantidades comercializadas a través de los canales cortos de comercialización agroalimentaria, ya sea en venta directa, en venta de proximidad o en ambas, fechas y lugares, y personas intermediarias con las que ha tenido relaciones comerciales (artículo 10).

- Deberá garantizarse el cumplimiento de los principios general de sanidad e higiene.

Los requisitos sanitarios y de higiene se detallarán en las guías prácticas de higiene que se apruebe por tipo de producto.

7.12.4. Medidas de fomento

En el artículo 7 se incluyen medidas que deberán llevarse a cabo por el Gobierno de Navarra entre ellas destacamos el impulso de acciones orientadas a la visibilización de los productores y establecimientos que se acojan a estas flexibilizaciones para que así aumente la confianza entre los consumidores, destacando sus ventajas medioambientales, sociales y territoriales. Al igual que sucede en otras CCAA se contempla la creación de un logotipo o distintivo para aquellos operadores inscritos en el registro de los canales cortos de comercialización agroalimentaria, cuyo uso se encuentra reglado en los artículos 11 y 12.

Respecto al uso del identificativo se podrá utilizar mediante un sistema de señalización, en el acceso de los locales, las carreteras, cruces de caminos o en las proximidades, en los mercados municipales y mercadillos, los alojamientos de turismo rural o agroturismo, los grupos de consumo, los establecimientos de comercio al por menor, los establecimientos de restauración u hostelería, los comedores colectivos, las agencias de transporte o servicios similares, y las empresas de comercio electrónico, en el acceso a la propia explotación agraria, en la página web si se vende a través de comercio electrónico, así como en las acciones promocionales que se lleven a cabo.

En el caso de establecimientos de restauración u hostelería, alojamientos de turismo rural o agroturismo y comedores colectivos que utilicen el logotipo, podrán indicar en la carta o en la plantilla de menús los productos

---

explotación o explotaciones agrarias en el registro de explotaciones agrarias de Navarra, 3.° Descripción y detalle de la ubicación de las instalaciones, equipos y sistemas destinados a la comercialización en canal corto, incluidos medios de transporte, 4.° Ámbito territorial donde llevará a cabo la comercialización, así como la forma de realizarla: venta en la propia explotación agraria, mercados municipales y mercadillos, alojamientos de turismo rural o agroturismo, comercio electrónico, grupos de consumo, entrega a domicilio, establecimientos de restauración u hostelería, comedores colectivos u otros y 5.° Otra información de interés que el operador u operadora considere oportuno poner en conocimiento del registro, como marcas propias, figuras de calidad u otras.

de venta directa o venta de proximidad. Así mismo, deberán informar, si la persona consumidora final lo solicita, sobre las personas productoras agroalimentarias y las explotaciones agrarias de las que provienen los productos. Los establecimientos de comercio al por menor y los grupos de consumo que utilicen el logotipo deberán indicar en el acceso a sus instalaciones qué tipo de productos agroalimentarios tienen en venta directa o en venta de proximidad. Así mismo, deberán informar, si la persona consumidora final lo solicita, sobre las personas productoras y las explotaciones agrarias de las que provienen los productos.

El uso de este logotipo es voluntario para los operadores y será compatible con marcas de calidad existentes, como las denominaciones de origen, las indicaciones geográficas protegidas, las certificaciones de producción ecológica, o los alimentos artesanos. Los operadores u operadoras podrán utilizar el logotipo, únicamente, en los productos agroalimentarios que cumplan lo establecido en esta ley foral, sin perjuicio de la venta simultánea de productos que no la cumplan, siempre y cuando estos últimos no estén identificados como venta directa o venta de proximidad y no induzca a confusión a quien vaya a adquirirlos. El distintivo estará accesible para su descarga en la página web del Gobierno de Navarra, solamente para las operadoras u operadores inscritos en el registro de canales cortos de comercialización agroalimentaria.

7.13. País Vasco

7.13.1. Modalidades de venta

Las modalidades de venta se establecen en el artículo 3 que distingue entre venta directa y venta en circuito corto. Por venta directa se refiere a la que es realizada de forma directa al consumidor final, sin intermediarios, por producciones agropecuarias y establecimientos de carácter no industrial, sean de productores o de agrupaciones de productores. La venta en circuito corto es aquella que se realiza a través de un establecimiento minorista, de agroturismo o comedores colectivos. La venta tendrá que realizarse en la Comunidad Autónoma del País Vasco.

7.13.2. Tipología y cantidad de productos

En este caso nos remite al artículo 3, párrafo 17 del Reglamento (CE) n.º 178/2002, del Parlamento Europeo y del Consejo, por el que se establecen los principios y los requisitos generales de la legislación alimentaria, se crea la Autoridad Europea de Seguridad Alimentaria y se fijan procedimientos relativos a la seguridad alimentaria. En él se establece que entenderemos por producción primaria, y por tanto, podrán venderse en el País Vasco a través de esta modalidad de venta, la producción, cría o cultivo de productos primarios, con inclusión de la cosecha, el ordeño y la cría de animales de abasto previa a su sacrificio. Abarcará también la caza y la pesca y la recolección de productos silvestres. Las cantidades máximas se definirán por cada producto o grupo de productos en su instrucción técnica correspondiente (artículo 4.4).

7.13.3. Requisitos administrativos y sanitarios

Para poder iniciar la actividad deberán presentar una comunicación previa ante la autoridad competente, que será la Dirección con competencias en salud pública, siguiendo el modelo recogido en el Anexo del Decreto objeto de estudio. Esta comunicación no tendrá que presentarse por aquellas explotaciones agrarias que realicen en sus instalaciones exclusivamente producción primaria y operaciones conexas a la producción primaria, tales como almacenamiento, clasificación, embolsado y etiquetado.

La Dirección competente en materia de agricultura, nutriéndose de los datos obrantes en el Registro General de Explotaciones Agrarias de la Comunidad Autónoma del País Vasco, inscribirá de oficio a las explotaciones agrarias que realicen en sus instalaciones exclusivamente producción primaria y operaciones conexas a la producción primaria en el Registro General de la Producción Agrícola o en el Registro General de Explotaciones Ganaderas, según corresponda en función de su actividad.

Los requisitos sanitarios en País Vasco se precisarán en las normas técnicas aprobadas por cada tipo de producto que se permita, sí se establece en su artículo 6 los contenidos mínimos que deben incluirse en estas normas[175].

7.14. Propuestas de mejora en perspectiva comparada

7.14.1. Modalidades de venta

La totalidad de las CCAA incluyen entre las modalidades de venta, la venta directa del productor primario al consumidor final y casi la práctica mayoría

175 Que son: condiciones de autorización, registro y control sanitario, emplazamiento y vías de acceso, disposición, diseño y dimensiones de los edificios y locales, estructuras internas de los locales, abastecimiento de agua, efluentes y aguas residuales, iluminación, ventilación, equipos y utensilios, servicios higiénicos y vestuarios, higiene personal, limpieza y desinfección, control de plagas, almacenamiento, manejo y eliminación de desperdicios y subproductos, medios de transporte, higiene de las operaciones (productos y procesos), formación de los manipuladores, envasado y embalado, etiquetado y trazabilidad y sistema de autocontrol.

la venta a establecimientos de comercio al por menor. Sin embargo, hay algunas que hacen mención expresa de su venta a través de establecimientos minoristas que desarrollen actividades complementarias, como pueden ser lugares turísticos, de restauración colectiva, agroturismo, etc.

La venta a través de medios electrónicas solo es admitida por la mitad de las CCAA analizadas, lo cual supone un obstáculo para el desarrollo de esta forma de comercialización, ya que nuevas tecnologías abren un campo de posibilidades para el medio rural, también en el campo concreto de la comercialización de productos en canales cortos de comercialización. Pero para que este recurso se convierta en una oportunidad necesitamos, además de otras condiciones, una legislación que permita tal comercialización de forma implícita.

7.14.2. Tipología y cantidad de productos

En este apartado consideramos que deberían equipararse las cantidades máximas en todas las CCAA, elevándolas a la CCAA más permisiva. Respecto a la tipología de productos debe permitirse no solo la comercialización de la producción primaria de origen vegetal, como sucede en Castilla y León, sino que debe ampliarse a productos primarios de origen animal, carnes, derivados de la pesca y de la caza, siempre bajo los parámetros higiénico-sanitarios. Puesto que existen CCAA en las que existe una gran amplitud en cuanto a los productos permitidos y no ha habido problemas de seguridad alimentaria.

Asimismo es importante establecer de forma clara la tipología y la cantidad de productos permitidas, en este sentido, creemos necesario incluir este contenido de forma específica en la propia norma, además de aprobar guías explicativas de este extremo.

7.14.3. Requisitos administrativos

Los requisitos administrativos son muy similares en todas las CCAA, en este sentido, entendemos que aquellos productores primarios que quieran acogerse a esta venta directa no deberían tener que inscribirse en otro registro, pues ya están inscritos en el REGA, el REGEPA o aquel establecido en su CCAA. Por lo que para iniciar esta modalidad de venta, tendría que ser suficiente una comunicación previa.

Para los establecimientos minoristas, que no están inscritos en este registro, estarán autorizados administrativamente para la actividad principal que desempeñen. Por lo que, de nuevo, tendría que bastar con una comunicación previa.

Asimismo, sí entendemos que respecto a los requisitos sanitarios tienen que seguirse las directrices higiénico-sanitaria y mantener la llevanza de un registro básico para poder garantizar la trazabilidad de los productos.

7.14.4. Métodos de fomento

Existe por parte de algunos consumidores una demanda por productos más sostenibles (de cercanía, ecológicos y de temporada). Sin embargo, aún existe cierta desconfianza por parte de algunos sectores de la población acerca de la seguridad de estos alimentos. Por ello, las instituciones públicas deben realizar una labor de fomento de esta forma de comercialización. Entre la amalgama de medidas que deberían implementarse en Castilla y León destacamos, las siguientes:

7.14.4.1. Etiquetado

Creemos conveniente hacer alusión a la importancia del etiquetado en determinados productos o en los lugares en que se vendan dichos productos de proximidad. Este etiquetado ayuda a diferenciar los productos que cumplan estas características de otros, sabiendo el valor añadido que dan los consumidores a esta tipología de productos. El etiquetado propiamente dicho es una estrategia de marketing, pues es una fuente de información para el consumidor[176]. Ya que sin este etiquetado es muy difícil identificar por los consumidores este tipo de productos.

A propósito de esta cuestión, la Comisión Europea aprobó el Informe de la Comisión al Parlamento Europeo y al Consejo sobre la conveniencia de establecer un sistema de etiquetado para la agricultura local y las ventas directas [COM(2013) 866 final]. Este informe analiza los retos de la agricultura local y las ventas directas y los instrumentos necesarios para darles respuesta. En este se establece que las etiquetas son útiles para dejar constancia de que un producto ha sido certificado. Este aspecto es importante a fin de proteger los productos de las imitaciones. Las etiquetas que presentan un contenido regulado constituyen un útil instrumento para combatir la información engañosa e incluso el fraude. Sin embargo, indica una cuestión muy relevante para así no restar eficacia al instrumento, la necesidad de que sea una herramienta voluntaria y sencilla que no conlleve costes adicionales para los productores. Además, se considera necesario que el sistema de etiquetado se acompañe de medidas de fomento y difusión.

Un caso similar a nivel europeo sería la Etiqueta Ecológica de la Unión Europea, que se otorga si se cumplen una serie de requisitos ambientales, cuya base legal se encuentra en el Reglamento (CE) n.º 66/2010 del Parlamento europeo y del Consejo de 25 de noviembre de 2009 relativo a la etiqueta ecológica de la Unión Europea. El objetivo de esta etiqueta es promo-

---

176 *Vid.* Calomarde, J. V., *Marketing ecológico*, Esic, Madrid, 2000.

ver productos y servicios con un impacto ambiental reducido para así ofrecer a los consumidores información exacta y no engañosa[177].

La promoción de estos productos a través del etiquetado es muy relevante pues supone una recompensa en un mercado cada vez más sensibilizado con las cuestiones ambientales. Otorgar una mayor información al consumidor también es muy importante, pues actualmente muchos productos utilizan términos como «producto ecológico», «reciclable», «degradable» o «amigo del ozono», pues se trata de un mercado en el que «lo verde vende»[178]. Esto sería aplicable también en el caso de los productos vendidos en canales cortos de comercialización.

Existen cinco CCAA que han desarrollado la posibilidad, en algunos casos voluntaria y otros obligatoria, de incluir un logotipo en los productos comercializados a través de estas formas de comercialización.

CCAA	Logotipo
Aragón	VENTA LOCAL ALIMENTOS DE AQUÍ
Castilla La Mancha	CAMPO Y ALMA DIRECTO A TU MESA
Cataluña	Venda de proximitat directa; Venda de proximitat circuit curt

177 *Vid.* Fernández De Gatta Sánchez, D., *Sistema jurídico-administrativo de protección del medio ambiente*, Ratio Legis, Salamanca, 2020, p. 286.

178 *Vid.* Lozano Cutanda, B., «El futuro de la "flor europea": la nueva etiqueta ecológica de la UE», en Revista Catalana de Dret Ambiental, vol. 1, núm. 1, 2016, p. 4.

Islas Baleares	VENDA DIRECTA
Navarra	Solo disponible para los operadores que lo soliciten.

7.14.4.2. Campañas de sensibilización

Se propone como medida añadida la creación de campañas audiovisuales de sensibilización para fomentar productos de proximidad, resaltando la importancia de estos para el medioambiente, para la renta de los agricultores y para las áreas rurales. Asimismo, debe recalcarse que estos productos son seguros alimentariamente.

7.14.4.3. Prioridad en subvenciones en concurrencia competitiva

Un ejemplo de medida que debería incorporarse en la legislación de todas las CCAA es la establecida en el artículo 12 de la normativa castellanomanchega, que indica que aquellos operadores que estén inscritos en el RVDCOLM y utilicen el distintivo de la marca Castilla-La Mancha serán priorizados en los procedimientos de ayudas y subvenciones con concurrencia competitiva, siempre que la normativa europea o estatal básica no lo prohíba. Sobre todo, si tenemos en cuenta que en nuestro país el nivel de gasto en contratación pública de 2022 alcanzó el 11,52 % del Producto Interior Bruto (PIB) y el 24,11 % del total del gasto público, tal y como se refleja en las estadísticas del documento «Government at a Glance» recogidas por la Organización para la Cooperación y el Desarrollo Económicos (OCDE) en el «OECD.Stat»[179].

179 Información recogida del documento anual publicado por la Oficina independiente de regulación y supervisión de la contratación.

VIII

PROPUESTAS DE FUTURO PARA LA DINAMIZACIÓN DE LAS ECONOMÍAS LOCALES

PRIMERA.- La legislación comunitaria y nacional permite un amplio margen de flexibilizaciones, adaptaciones y exclusiones que deben ser trasladadas a la legislación autonómica para que puedan ser aprovechadas por los productores de nuestros territorios rurales con desafíos demográficos.

SEGUNDA.- Los CCC juegan un papel fundamental en la mejora de la renta de los agricultores, el medio ambiente y la dinamización de las áreas rurales, estas son cuestiones de importancia capital para afrontar el Reto Demográfico. Tanto las Estrategias, como las normas de Reto Demográfico deben incluir medidas encaminadas al impulso de esta forma de comercialización.

TERCERA.- Las Universidad Públicas desempeñan una labor de gran valor para afrontar el Reto Demográfico, no solo a través de la generación de conocimiento tendente a realizar un diagnóstico y a la proposición de medidas tangibles, sino también en el apoyo en la elaboración de normas y planes estratégicos fruto de la colaboración con las Administraciones públicas.

CUARTA.- Se ha constatado a lo largo de todo el trabajo, la gran heterogeneidad existente en las normativas autonómicas. Esto pone de relieve la necesidad de modificar las normativas autonómicas más restrictivas, como es el caso de Castilla y León, en línea con el impulso de las flexibilizaciones y adaptaciones derivadas de la legislación nacional y comunitaria. Toda vez que esta forma de comercialización es un elemento clave para dinamizar las economías de las áreas rurales.

QUINTA.- Las normas no solo deben ser lo suficientemente permisivas, sino que deben ser lo suficientemente claras y explícitas en todos sus extremos: modalidades de venta, tipología y cantidad de productos y requisitos administrativos y sanitarios. Para así garantizar la seguridad jurídica y facilitar la comprensión a los pequeños productores. Para facilitar dicha tarea creemos que es muy positivo la elaboración de guías explicativas de los extremos de la norma. Un ejemplo de esto es la Generalitat de Catalunya.

SEXTA.- Las medidas de fomento de esta forma de comercialización son fundamentales, por ello, la norma debe incluir un mandato para la creación de éstas y a su vez, consideramos importante que se incluyan en las Estrategias de Reto Demográfico, acompañadas como es evidente, de la suficiente dotación presupuestaria. Entre las herramientas posibles destacamos la creación de un distintivo, campañas de sensibilización y promoción, prioridad en las subvenciones competitivas y ayudas económicas directas a los productores primarios.

IX

BIBLIOGRAFÍA

A. Referencias doctrinales

Aguilera, E., Piñero, P., Infante Amante, J., González De Molina, M., Lassaletta, L. Y Sanz Cobeña, A., *Emisiones de gases de efecto invernadero en el sistema agroalimentario y huella de carbono de la alimentación en España*, Real Academia de Ingeniería, Madrid, 2020.

Amoedo Souto, C. A., «COVID, medio ambiente y patrimonio natural: la quiebra del derecho administrativo», en Tolivar Alas, L., Huergo Lora, A. y Cano Campos, T., *El patrimonio natural en la era del cambio climático, Instituto Nacional de Administración Pública*, Madrid, 2022, pp. 55-82.

Aznar Prades, G*.,* *La venta directa de productos agroalimentarios en España y Francia*, Hecho en los Pirineos, 2017.

Bandrés, E. y **Azón, V.**, *La despoblación de la España Interior*, Funcas, Madrid, 2021.

Bandrés Moliné, E.; **Gadea, L.**; **Salas Fumás, V.** y **Sauras, Y.**, «España y el Plan Europeo de Recuperación», en *Cuadernos de Información Económica*, núm. 277, 2020.

Bardají Azcárate, I. (Coord.), *Indicadores de sostenibilidad en el sector agroalimentario*, Cajamar-Caja Rural, Madrid, 2022.

Bello Paredes, S. A., «La despoblación en España: Balance de las políticas públicas implantadas y propuestas de futuro», en *Revista de Estudios de la Administración Local y Autonómica*. Nueva época, núm. 19, 2023.

«Castilla y León vacía (vaciada): esperando a Ulises», *en Revista de Estudios de la Administración Local y Autonómica. Nueva época*, núm. 13, 2020.

Benavent Fernández de Córdoba, M., «Ordenación del territorio, planificación y gestión de las áreas de montaña», en *Revista de Estudios Andaluces*, núm. 6, 1986.

Calomarde, J. V., *Marketing ecológico*, Esic, Madrid, 2000.

Calonge Velázquez, A., «El principio de unidad de mercado en la Constitución Española de 1978», en Gómez-Ferrer Morant, R. (Coord.), *Libro homenaje a Villar Palasí*, Madrid, Civitas, 1989.

Camarero Rioja, L., **Oliva, J.** y **Querol, V. A.**, «Retos de cambio para la vida rural: procesos, dinámicas y políticas públicas», *Recerca, Revista de pensament i analisis*, núm. 28, vol. 1, 2023, pp. 1-12.

Campos Acuña, C. (Dir.), *La gestión de los Fondos Next Generation. Claves de la revolución administrativa*, Wolters Kluwer, Madrid, 2021.

Comisión de Agricultura y Desarrollo Rural. *Informe sobre unos ingresos justos para los agricultores: mejorar el funcionamiento de la cadena de suministro de alimentos en Europa. Comisión de Agricultura y Desarrollo rural*, 2010. Disponible en: https://www.europarl.europa.eu/doceo/document/A-7-2010-0225_ES.html (Fecha de último acceso el 9 de agosto de 2023).

Comisión Europea, *Plan REPowerEU*, Bruselas, 2022 [COM(2022) 230 final].

Oleada de renovación para Europa: ecologizar nuestros edificios, crear empleo y mejorar vidas, Bruselas, 2020 [COM/2020/662 final].

Informe de la Comisión al Parlamento Europeo y al Consejo sobre la conveniencia de establecer un sistema de etiquetado para la agricultura local y las ventas directa, Bruselas, 2013 [COM/2013/0866 final].

Comunidad de la Rioja, *Agenda para la población de La Rioja*, 2017.

Conde-Ruiz, J. I. (Coord.), *Grupo de trabajo sobre actuaciones para la reconstrucción del entorno productivo en el contexto del Next Generation EU Program y del Marco Financiero Plurianual de la UE*, Universidad Complutense de Madrid, Madrid, 2020.

Consejería de Agricultura, Ganadería y Desarrollo Sostenible, *Estrategia ante el Reto Demográfico y Territorial de Extremadura*, 2022.

Consejería de Agricultura, Pesca, Agua y Desarrollo Rural, *Plan Estratégico para mejorar la competitividad del sector agrícola, ganadero, pesquero, agroindustrial y del desarrollo rural de Andalucía 2020-2022*, 2020.

Consejo de Cuentas de Castilla y León, *Fiscalización de la aplicación de las medidas aprobadas por las Cortes de Castilla y León en materia de despoblación en las entidades locales de Castilla y León*, Palencia, 2020.

Consejo Económico y Social, *Informe sobre un medio rural vivo y sostenible*, Madrid, 2021.

Informe sobre el medio rural y su vertebración social y territorial, Madrid, 2018.

Consejo Económico y Social de Castilla y León, *El comercio de proximidad en Castilla y León, Informe CES*, 2022.

Delgado Cabeza, M., «El sistema agroalimentario globalizado: imperios alimentarios y degradación social y ecológica», *Revista de Economía Crítica*, núm. 10, págs. 32-61.

Delgado De Miguel, J. F., *Derecho Agrario Ambiental, Propiedad y Ecología*, Aranzadi, Pamplona, 1992.

Departamento de Vertebración del Territorio, Movilidad y Vivienda, *Directriz especial de ordenación territorial de política demográfica y contra la despoblación*, 2017.

Dirección General de Reequilibrio Territorial Comunidad de Madrid, *Estrategia para la revitalización de los municipios rurales*, 2023.

Domínguez Álvarez, J. L., «Retos y oportunidades de la inclusión de la dimensión geográfica y territorial en la iniciativa legislativa y en los procesos de diseño e implementación de políticas públicas», en Fernando Pablo, M. M. y Domínguez Álvarez, J. L. (Dirs.), *Rural Renaissance: territorio, precio y valor*, Aranzadi, 2023.

«Hacia el diseño de nuevos instrumentos para afrontar el reto demográfico y territorial: de la potestad de planificación de las Administraciones públicas a la transformación del ordenamiento jurídico», en Fernando Pablo, M. M. y Domínguez Álvarez, J. L. (Dirs.), *Rural Renaissance: Acción, Promoción y Resiliencia*, Thomson Reuters-Aranzadi, Cizur Menor, 2022.

«La importancia del municipalismo para la consecución del nuevo resurgir de la ruralidad: la disyuntiva entre devolver el alma a los pueblos o abandonar el territorio», en *Revista Jurídica de Castilla y León*, núm. 53, 2021.

«Discriminación normativa positiva como herramienta contra la despoblación de las áreas rurales. El comercio de proximidad», en *Ars Iuris Salmanticensis*, vol. 9, núm. 1, 2021.

«Internet y nuevas tecnologías como punta de lanza para la revitalización de territorios rurales despoblados: La necesaria reconstrucción de la idea de servicio público», en *Revista Digital de Derecho Administrativo*, núm. 26, 2021.

«Algunos apuntes acerca de la necesidad de repensar el ordenamiento jurídico y la técnica normativa como premisas para afrontar el reto demográfico y territorial», en *Revista Española de Función Consultiva*, núm. 33, 2020.

«El agotamiento de las políticas públicas relacionadas con el desarrollo rural», en Fernando Pablo, M. M. y Domínguez Álvarez, J. L. (Dirs.), *Rural Renaissance: Derecho y Medio Rural*, Thomson Reuters-Aranzadi, Cizur Menor, 2020.

Comunidades discriminadas y territorios rurales abandonados. Políticas públicas y derecho administrativo frente a la despoblación, Thomson Reuters Aranzadi, Cizur Menor, 2020.

«La despoblación en Castilla y León: políticas públicas innovadoras que garanticen el futuro de la juventud en el medio rural», en *Cuadernos de Investigación en Juventud*, núm. 6, 2019.

Domínguez Álvarez, J. L. y **Tomé Domínguez, P. M.**, «La conectividad de los territorios rurales como premisa para el fomento de la dinamización y la sostenibilidad de las áreas con desafíos demográficos: más allá de brechas y promesas», en Rodríguez Escanciano, S. y Álvarez Cuesta, H. (Coords.), *La economía social y el desarrollo sostenible*, Colex, A Coruña, 2022.

Escribano Pizarro, J., **Esparcia Pérez, J.** y **Serrano Lara, J. J.**, «El comercio en los espacios rurales valencianos: caracterización, funciones, problemáticas y estrategias de actuación», en *Cuadernos geográficos*, vol. 54, núm. 1, 2015.

Federación Española De Municipios Y Provincias, *Documento de acción. Listado de medidas para luchar contra la despoblación en España*, Madrid, 2017.

Fernández De Gatta Sánchez, D., «La nueva estrategia de la Unión Europea sobre las zonas rurales: pacto verde, visión a largo plazo y nueva Bauhaus», en *La Ley Unión Europea*, núm. 98, 2021.

«El régimen de la Unión Europea sobre la incidencia ambiental en el sector alimenticio y la seguridad alimentaria», en *Diario La Ley*, núm. 9889, 2021.

«El ambicioso Pacto Verde Europeo», en *Actualidad Jurídica Ambiental*, núm. 101, 2020.

Sistema jurídico-administrativo de protección del medio ambiente, Ratio Legis, Salamanca, 2020.

Fernando Pablo, M. M. y **Domínguez Álvarez, J. L.**, «Discriminación positiva como recurso contra la despoblación del medio rural: los canales cortos de comercialización agroalimentaria», en *Revista Aragonesa de Administración Pública*, núm. 57, 2021, pp. 149-190.

«La patología jurídica de lo rural en la Europa de la neutralidad climática», en Domínguez Álvarez, J. L., *Comunidades discriminadas y territorios rurales abandonados*, Thomson Reuters-Aranzadi, Cizur Menor, 2021.

«¡Faltan cabezas!: una nota sobre derecho público y ruralidad», en Fernando Pablo, M. M. y Domínguez Álvarez, J. L. (Dirs.), *Rural Renaissance: Derecho y Medio Rural*, Cizur Menor, Thomson Reuters-Aranzadi, Cizur Menor, 2020.

«Devolver el alma a los pueblos: el encuentro «Rural Renaissance»», *Ars Iuris Salmanticensis*, vol. 7, 2019, pp. 11-13.

«El tratamiento del sector agroalimentario en el derecho de la industria alimentaria», en Terrón Santos, D. (Dir.), *Estudios de Derecho Agroalimentario*, Comares, Granada, 2018.

«La Ley 12/2013 de 2 de agosto, de medidas para mejorar el funcionamiento de la cadena alimentaria», en *Ars Iuris Salmanticensis*, vol. 2, núm. 1, 2014.

Food and Drink Europe, *Annual Report 2021*, Bélgica, 2020.

Generalitat de Catalunya, *Guía para la venta de proximidad de los productos agroalimentarios y agrarios*, 2020.

Generalitat Valenciana, *Plan estratégico valenciano antidespoblamiento*, 2021.

Gobierno de Castilla-La Mancha, *Estrategia para el desarrollo de zonas con despoblamiento y declive socioeconómico en Castilla-La Mancha*, 2016.

Gobierno de España, *Adenda. Segunda fase del Plan de Recuperación, Transformación y Resiliencia del Reino de España*, Madrid, 2023.

PERTE Agroalimentario, Madrid, 2022.

Gobierno de Navarra, *Estrategia de lucha contra la despoblación de Navarra*, 2023.

Gobierno del Principado de Asturias, *Plan Demográfico del Principiado de Asturias 2017-2027*, 2017.

González Bustos, M. A., *Mujer y desarrollo sostenible en el medio rural*, Barcelona, Atelier, 2020.

«Desarrollo territorial y urbano sostenible», en Fernando Pablo, M. M. (Dir.), *Derecho de la edificación y renovación urbana*, Tecnos, Madrid, 2016.

González Regidor, J., «Medio rural y medio ambiente: por un desarrollo rural sostenible», en *Ambienta*, núm. 73, 2008.

Hernando, I., «Patrimonio cultural y quesos artesanos: el paquete higiene y flexibilidad-barreras competitivas», *RIIPAC: Revista sobre Patrimonio Cultural*, núm. 4, 2014, pp. 130-146.

Junta de Castilla y León, *Plan Agricultura y Ganadería Joven*, Valladolid, 2021.

López Benítez, M., «El desarrollo de las competencias autonómicas de Andalucía en materia de agricultura», en *Revista Andaluza de Administración Pública*, núm. 2, 2003.

Lozano Cutanda, B., «El futuro de la "flor europea": la nueva etiqueta ecológica de la UE», en *Revista Catalana de Dret Ambiental*, vol. 1, núm. 1, 2016, pp. 1-16.

Massot Martí, A., «Hacia la PAC a 27: la Comunicación de la Comisión de noviembre de 2017 y su contexto», en *Revista Española de Estudios Agrosociales y Pesqueros*, núm. 250, 2021.

«Globalización, transiciones climática y digital y crisis pandémica en los sistemas agroalimentarios: implicaciones para las políticas públicas», en *Revista Española de Estudios Agrosociales y Pesqueros*, núm. 257, 2021.

«La PAC y la lucha contra el cambio climático», en *Cuadernos de Derecho para Ingenieros*, núm. 51, 2019.

Mesa Manzano, R. y **Esparcia Pérez, J.**, «Cambios en la demanda y estrategias de adaptación en producciones agrarias sostenibles durante el confinamiento por la pandemia COVID-19», *Anales de Geografía de la Universidad Complutense*, vol. 43, núm. 1, 2023, pp. 109-132.

Ministerio de Agricultura, Pesca y Alimentación, *Plan Estratégico de la PAC de España*, Madrid, 2022.

Informe anual de la industria alimentaria española, periodo 2019-2020, Madrid, 2020.

Agrinfo n.º 30. Contribución del Sistema Agroalimentario a la Economía Española, Madrid, 2020.

Estrategia de digitalización del sector agroalimentario y forestal y del medio rural, Madrid, 2019.

Canales cortos de comercialización en el sector agroalimentario, Observatorio de Precios de los Alimentos, Madrid, 2013.

La nueva Política Agraria Común, Ministerio de Agricultura, Pesca y Alimentación, Madrid, 1992.

Ministerio de Política Territorial y Función Pública, *Directrices Generales de la Estrategia Nacional frente al Reto Demográfico*, Madrid, 2019.

Ministerio Para La Transición Ecológica Y El Reto Demográfico, *Plan de recuperación. 130 medidas frente al Reto Demográfico*, Madrid, 2021.

Estrategia Común de Desarrollo Transfronterizo, Guarda, 2020.

Montagut, X. y **Vivas, E.** (Coords.), *Supermercados, no gracias. Grandes cadenas de distribución, impactos y alternativas*, Ed. Icaria, Barcelona, 2007.

Muñoz Gómez, M. J.:

«La relocalización alimentaria: vector en la transición ecológica del derecho agroalimentario», en *Revista General de Derecho Administrativo*, núm. 62, 2023, pp. 1-45.

«Transición ecológica y Derecho rural: ¿realidad o ficción discursiva?», en Fernando Pablo, M. M. y Domínguez Álvarez, J. L. (Dirs.), *Rural Renaissance: acción, promoción y resiliencia*, Thomson Reuters Aranzadi, Cizur Menor, 2022, pp. 279-294.

«La relocalización alimentaria: vector en la transición ecológica del derecho agroalimentario», *Revista General de Derecho Administrativo*, núm. 62, pp. 1-45.

Muñoz Machado, S., «La distribución de competencias entre el Estado y las Comunidades Autónomas en materia de agricultura», en *Agricultura y Sociedad*, núm. 21, 1981.

Nogales Naharro, M. A., «Desarrollo rural y desarrollo sostenible. La sostenibilidad ética», en *CIRIEC-España, Revista de economía pública, social y cooperativa*, núm. 55, 2006.

Oficina de Prospectiva y Estrategia, *España 2050. Fundamentos y propuestas para una Estrategia Nacional de Largo Plazo*, Madrid, 2021.

Presidencia del Gobierno, *Adenda. Segunda fase del Plan de Recuperación, Transformación y Resiliencia del Reino de España*, Madrid, 2023.

Plan de Recuperación, Transformación y Resiliencia «España puede», Madrid, 2020.

Plan España Digital 2026, Madrid, 2020.

Presidencia de la Junta de Castilla y León, *Agenda para la población de Castilla y León*, 2010.

Rastrollo Suárez, J. J. (Dir.), *Guía para la planificación, gestión y ejecución de los fondos del Plan para la Recuperación, Transformación y Resiliencia*, Thomson Reuters-Aranzadi, Cizur Menor, 2021.

Rivera, S., «Paquete de higiene desde el punto de vista de la producción primaria», *MG Mundo ganadero*, vol. 16, núm. 180, 2005, pp. 46-49.

Rivero Ortega, R. (Dir.), *Modernización de la Administración Pública para la ejecución del Plan de Recuperación, Transformación y Resiliencia. Comentarios de urgencia al Real Decreto-Ley 36/2020, de 30 de diciembre*, Ratio Legis, Salamanca, 2021.

Rodríguez-Chaves Mimbrero, B., «Hacia un salto disruptivo verde: El potencial de los montes ante el Green new deal y la nueva PAC 2021-2027», en *Revista Aranzadi de Derecho Ambiental*, núm. 47, 2020.

«Periodo 2021-2027 post COVID (nuevo pacto verde, "Next Generation EU y la nueva PAC"): ¿hacia una "nueva ruralidad" en Europa y en España?», en *Revista de Derecho Urbanístico y Medio Ambiente*, vol. 54, núm. 341, 2020.

Rodríguez Portugués, M., «La distribución de competencias entre el Estado y las Comunidades Autónomas en materia de agricultura», en *Revista de Estudios de la Administración Local y Autonómica*, núm. 312, 2010.

Sáez Pérez, L. A., «Análisis de la Estrategia Nacional frente a la Despoblación en el Reto Demográfico en España», en *Ager: Revista de estudios sobre despoblación y desarrollo rural= Journal of depopulation and rural development studies*, núm. 33, 2021.

Secretaría General de Presidencia, Interior, Justicia y Acción Exterior, *Estrategia Regional de la Comunidad Autónoma de Cantabria frente al reto demográfico y lucha contra la despoblación 2021-2027*, 2021.

Secretaría General de Transición Social y Agenda 2030, *Estrategia Vasca 2030 para el Reto Demográfico*, 2022.

Talavera Cordero, P., «El comercio de proximidad como recurso frente al Reto Demográfico: régimen jurídico, actividad programática y e-commerce», en *Revista Jurídica de Castilla y León*, núm. 60, 2023, pp. 157-194.

Tapia Hermida, A. J., «El plan de inversión que cambiará Europa y España en el próximo sexenio: el instrumento de recuperación de la Unión Europea y el Plan de Recuperación, Transformación y Resiliencia de España», en *La Ley Unión Europea*, núm. 88, 2021.

Terrón Santos, D. (Dir.), *Estudios de Derecho Agroalimentario*, Granada, Comares, 2018.

B. Normativa

B.1. Referencias normativas europeas

Reglamento (CE) n.º 852/2004 del Parlamento Europeo y del Consejo, de 29 de abril de 2004, relativo a la higiene de los productos alimenticios

Reglamento (CE) n.º 853/2004 del Parlamento Europeo y del Consejo, de 29 de abril de 2004, por el que se establecen normas específicas de higiene de los alimentos de origen animal.

Reglamento (CE) n.º 2074/2005 de la Comisión de 5 de diciembre de 2005 por el que se establecen medidas de aplicación para determinados productos con arreglo a lo dispuesto en el Reglamento (CE) no 853/2004 del Parlamento Europeo y del Consejo y para la organización de controles oficiales con arreglo a lo dispuesto en los Reglamentos (CE) no 854/ 2004 del Parlamento Europeo y del Consejo y (CE) no 882/2004 del Parlamento Europeo y del Consejo, se introducen excepciones a lo dispuesto en el Reglamento (CE) no 852/2004 del Parlamento Europeo y del Consejo y se modifican los Reglamentos (CE) no 853/2004 y (CE) no 854/2004.

Reglamento (CE) n.º 1151/2012, sobre los regímenes de calidad de los productos agrícolas y alimenticios.

Reglamento (UE) n.º 1305/2013 del Parlamento Europeo y del Consejo de 17 de diciembre de 2013 relativo a la ayuda al desarrollo rural a través del Fondo Europeo Agrícola de Desarrollo Rural (FEADER) y por el que se deroga el Reglamento (CE) no 1698/2005 del Consejo.

Reglamento (UE) 2017/625, del Parlamento Europeo y del Consejo, de 15 de marzo de 2017, relativo a los controles y otras actividades oficiales realizados para garantizar la aplicación de la legislación sobre alimentos y piensos, y de las normas sobre salud y bienestar de los animales, sanidad vegetal y productos fitosanitarios.

Reglamento (UE) 2021/2115 del Parlamento Europeo y del Consejo de 2 de diciembre de 2021 por el que se establecen normas en relación con la ayuda a los planes estratégicos que deben elaborar los Estados miembros en el marco de la política agrícola común (planes estratégicos de la PAC), financiada con cargo al Fondo Europeo Agrícola de Garantía (FEAGA) y al Fondo Europeo Agrícola de Desarrollo Rural (FEADER), y por el que se derogan los Reglamentos (UE) n.º 1305/2013 y (UE) n.º 1307/2013.

B.2. Referencias normativas estatales

Real Decreto 1086/2020, de 9 de diciembre, por el que se regulan y flexibilizan determinadas condiciones de aplicación de las disposiciones de la Unión Europea en materia de higiene de la producción y comercialización de los productos alimenticios y se regulan actividades excluidas de su ámbito de aplicación.

Real Decreto 30/2009, de 16 de enero, por el que se establecen las condiciones sanitarias para la comercialización de setas para uso alimentario.

Real Decreto 418/2015, de 29 de mayo, por el que se regula la primera venta de los productos pesqueros.

Real Decreto 191/2011, de 18 de febrero, sobre Registro General Sanitario de Empresas Alimentarias y Alimentos.

B.3. Referencias normativas autonómicas

Orden SAN/1175/2014, de 30 de diciembre, por la que se autoriza y regula la comercialización de determinados productos alimenticios directamente por el productor a establecimientos de venta al por menor.

Ley 10/2010, de 27 de septiembre, de salud pública y seguridad alimentaria de Castilla y León.

Decreto 125/2014, de 4 de septiembre, por el que se regula en Galicia la venta directa de los productos primarios desde las explotaciones a la persona consumidora final.

Ley del Principado de Asturias 2/2019, de 1 de marzo, de calidad alimentaria, calidad diferenciada y venta directa de productos alimentarios.

Decreto 76/2016, de 17 de mayo, que establece las condiciones para la adaptación de los requisitos higiénico-sanitarios de diversos ámbitos de la producción agroalimentaria de Euskadi.

Ley Foral 5/2023, de 9 de marzo, de canales cortos de comercialización agroalimentaria.

Ley 7/2017, de 28 de junio, de Venta Local de Productos Agroalimentarios en Aragón.

Decreto 24/2013, de 8 de enero, sobre acreditación de la venta de proximidad de productos agroalimentarios.

Decreto 71/2020, de 9 de noviembre, por el que se regula en Castilla-La Mancha la venta directa de productos ligados a la explotación agraria.

Decreto 201/2017, de 15 de diciembre, del Consell, por el que se regula la venta de proximidad de productos primarios y agroalimentarios.

Decreto 17/2021, de 24 de marzo, por el que se regula el suministro directo por titulares de explotaciones agrarias de pequeñas cantidades de productos primarios.

Decreto 163/2016, de 18 de octubre, por el que se regula el régimen administrativo y el sistema de información de venta directa de los productos primarios desde las explotaciones agrarias y forestales a las personas consumidoras finales y establecimientos de comercio al por menor.

Ley 4/2019, de 3 de abril, de venta local de productos agroalimentarios de la Comunidad Autónoma de la Región de Murcia.

Ley 3/2019, de 31 de enero, Agraria de las Illes Balears

Ley 6/2019, de 9 de abril, de Calidad Agroalimentaria.

Made in United States
Orlando, FL
04 November 2026

90200705R00094